幸福在心，不在境

宝其赫◎编著

北京工业大学出版社

图书在版编目（ＣＩＰ）数据

幸福在心，不在境 / 宝其赫编著. —北京：北京工业
大学出版社，2013.7

ISBN 978-7-5639-3552-9

Ⅰ.①幸… Ⅱ.①宝… Ⅲ.①人生哲学—通俗读物
Ⅳ.①B821-49

中国版本图书馆 CIP 数据核字（2013）第 123309 号

幸福在心，不在境

编　　著：宝其赫
责任编辑：钱子亮
封面设计：翼之扬设计
出版发行：北京工业大学出版社
　　　　　（北京市朝阳区平乐园 100 号　　100124）
　　　　　010-67391722（传真）　bgdcbs@sina.com
出 版 人：郝　勇
经销单位：全国各地新华书店
承印单位：北京建泰印刷有限公司
开　　本：787 mm × 1092 mm　1/16
印　　张：15
字　　数：220 千字
版　　次：2013 年 7 月第 1 版
印　　次：2013 年 7 月第 1 次印刷
标准书号：ISBN 978-7-5639-3552-9
定　　价：26.00 元

前　言

　　有人说，人生如水，幸福的味道要靠自己来调，放点醋，它是酸的，加点糖，它就会变甜。也有人说，人生是一张白纸，怎样挥毫泼墨就成就怎样的风景，胸怀天下则会拥有天下，眼光狭隘就只能看见眼前那一尺见方的土地。还有人说，人生如棋，楚河汉界就是我们驰骋的疆场，不管路途多么凶险，不管自己是不是孤身奋战，即使只是一个小卒子，也要勇往直前，绝不后退，落子无悔。

　　其实，人生究竟是什么样的并不重要。是水也好，是纸也罢，即使是棋也要看自己的走法。所以，最为重要的还是我们选择什么样的生活态度，以一颗什么样的心去生活。如果你有一颗美好的心，那么你的人生随时随地可以品尝到幸福。

　　拥有一颗珍爱心，会让你更快乐，会让你时刻保持一份愉悦的心境。

　　拥有一颗自知心，会让你更清醒，冷静地分析、明辨到底自己该走向何方。

　　拥有一颗平常心，会让你更平和，懂得什么是真，什么是生活。

　　拥有一颗坦然心，会让你更淡定，不计较一时的得失，谋取平淡中的幸福。

　　拥有一颗随缘心，会让你更洒脱，领悟人生真谛，做最好的自己。

　　拥有一颗超脱心，会让你更淡然，心境开阔，乐天知命。

拥有一颗宽容心，会让你更从容，虽然错过了朝霞的绮丽，但你绝不会错过月光的清辉。

拥有一颗仁慈心，会让你更善良，善者无敌，让生命因为善良绽放绚丽的色彩。

……

本书以细腻隽永的文笔，告诉我们幸福真正的来源在于拥有一颗什么样的心。愿本书如一泓甘泉、一缕凉风、一场甘霖、一九良药、一束阳光，温暖、滋润你的心灵，荡清你生活中的苦闷，丰盈、充实你的生命历程，帮助你超越悲观，以最好的精神状态去迎接生活。

目　录

第 1 章　有一颗珍爱心，你会更快乐

第 2 章　有一颗自知心，你会更清醒

第3章　有一颗平常心，你会更平和

第4章　有一颗坦然心，你会更淡定

第5章 有一颗随缘心，你会更洒脱

第6章 有一颗超脱心，你会更淡然

第7章 有一颗宽容心，你会更心宽

目 录

第8章　有一颗仁慈心，你会更善良

第9章　有一颗节欲心，你会更轻松

第 10 章　有一颗应变心，你会更从容

第 11 章　有一颗宁静心，你会更安然

第 12 章　有一颗知足心，你会更自在

目

录

第1章
有一颗珍爱心，你会更快乐

一个人幸福不幸福，在本质上与财富、相貌、地位、权力没多大关系。幸福由自己的思想、心态而决定，我们的心可以制造"快乐的天使"，也可以制造"阴险的魔鬼"。如果你把别人看成是阴险的魔鬼，你就生活在"悲哀"里；如果你把别人看成是快乐的天使，你就生活在"愉悦"里。如果你能把别人变成丑陋的魔鬼，你就在制造"悲哀"；如果你能把别人变成快乐的天使，你就在制造"愉悦"。

唯有今天最真实可贵

时刻抱着一颗感恩的心来看待世间的人和事，多一份爱心，多一点宽容，多一些理解，不要把可以去做但没有去做的事遗憾在心头。

回忆过去可以总结经验，汲取教训，但过去的永远不会再来。未来可以憧憬，可以通过努力去创造，但未来再美好毕竟是个未知数。只有现在最值得把握。现在是过去与未来的连接点，旧的"现在"去了，新的"现在"跟着就来，无数个"现在"已成了过去，无数个未来终会变为"现在"。

在美国，有一个非常有名的学者伯纳德·伯伦森，在他90岁生日时，有人问他最珍惜什么，他回答道："我最珍惜时间，我愿意站在街头，手中拿着帽子，乞求过往的人把他们不用的时间扔在里面。时间第一，它是我们生命中最宝贵的资源。告诉你一条有关时间的重要原则，这就是：今天最重要。珍惜时间最重要的是我们对待事件的态度，如果我们真心在意，就会着手去做，立刻就开始，绝不拖拉到明天。"

"现在"其实也是稍纵即逝的，正如朱自清在《匆匆》里所描述的："洗手的时候，日子从水盆里过去；吃饭的时候，日子从饭碗里过去；默默时，便从凝然的双眼前过去……"所谓的"现在"看起来好像是静止的、可把握的，其实静止也只是相对的，没有绝对可把握的"现在"，一切所谓的"现在"也都是变化着的。细究起来，其实"现在"就是一个看不见的点，从时间的角度看，每一天都是一个流失的过程，从生命的角度看，每一天都是死与生相互交换的过程，"现在"稍不注意即成过去，变得无法再找回，而"未来"则是"现在"的延伸，所以鲁迅先生说："杀

第1章 有一颗珍爱心，你会更快乐

了现在，也便杀了将来。"因此，要赢得未来，就要好好把握现在。

1973 年，英国利物浦市一个叫科莱特的青年，考入了美国哈佛大学，常和他坐在一起听课的是一位美国小伙子。大学二年级那年，那位小伙子和科莱特商议，一起退学，去开发财务软件，因为新编教科书中，已解决了进位制路径转换问题。

当时，科莱特感到非常惊诧，因为他来这儿是求学的，不是来闹着玩儿的。再说任课的墨尔斯博士才教了点皮毛，要开发财务软件，不学完大学的全部课程是不可能的。他委婉地拒绝了那位小伙子的邀请。

10 年后，科莱特成为哈佛大学计算机系的博士研究生，那位退学的小伙子也是在这一年，进入美国《福布斯》杂志亿万富豪排行榜。1992 年，科莱特继续攻读，成为博士后；那位美国小伙子的个人资产，在这一年则仅次于华尔街大亨巴菲特，达到 65 亿美元，成为美国第二大富豪。1995 年，科莱特认为自己已具备了足够的学识，可以研究和开发财务软件了，而那位小伙子则已绕过此系统，开发出另一种财务软件，它比原来的系统快 1500 倍，并且在两周内占领了全球市场，这一年他成了世界首富，一个代表着成功和财富的名字——比尔·盖茨也随之传遍全球的每一个角落。

抓住了机遇就是把握了现在。"世间最珍贵的不是'得不到'和'已失去'，而是现在能把握的幸福。"能否舍弃人生路上必须舍弃的东西，这或许是衡量一个人是否成熟、是否具有智慧的一个重要标准。因为当一个人能够冷静而准确地认识自己、认识环境，能够理性、客观地规划自己的理想与生活的时候，他才敢舍弃，他才能够舍弃。舍弃是大自然的规律，舍弃是生存的一种方式，舍弃是勇敢者的行为。

我们要把重点放在眼前，必须全神贯注于当下，实现人生的一种超脱。活在当下也意味着无忧无悔：对未来会发生什么不去作无谓的想象与担心，所以无忧；对过去已发生的事也不作无谓的思虑与计较，所以无悔。人能无忧无悔地活在当下，就不会为一切由心所生的东西所束缚。当你活在当下，没有过去拖在你后面，也没有未来拉着你往前时，你全部的能量都集中在这一时刻，生命因此具有一种巨大的张力，使你全身心投入，丰富和实践自己的生活方式。明白了这个道理，无论从哪个层面去看，都是一种进步。

放眼单程人生路，有去无回，虽短也长，虽长也短。人活一辈子不容易，少不了病，免不了老，更逃不了死。生命本无常，由不得你和我。既然走上了人生路，就要走好，真正去活一次。虽说我们无法治疗这悲伤的世界，却仍可用心地活出一片天，活出自己！

凡走过必留下痕迹的人生路，奇观异景各不相同，芸芸众生辈，又岂能只有一条同样际遇的人生路？它不仅长短各异，内容更是大有差异。人生不外是一连串"现在"的累积，既是如此，何不好好把握有生之年的每一秒、每一分、每一刻，充分学习、领悟、欣赏和感动！

用心迎接生命，投入每一瞬间，全心全意活在当下。时刻抱着一颗感恩的心来看待世间的人和事，多一份爱心，多一点宽容，多一些理解，不要把可以去做但没有去做的事遗憾在心头。

把握好现在的自己，就要合理运用现在的拥有：把握时间，立足现在，珍惜每一分每一秒去学习，不断提高自己、完善自己，用最佳的状态去迎接每一天的挑战，在有限的时间里创造更多的价值；把握心态，不为遗憾的过去而烦恼，也不为遗憾将导致什么样的未来而忧虑，面对挫折不气馁，从挫折中汲取教训、总结经验，做好现在的每一件事情，这样就必定能踏上成功的舞台。

 ## 把握当下，用心生活

如果你时时想到"现在"，就会完成许多事情；如果常想"将来有一天"或"将来什么时候"，那将一事无成。

昨天是张作废的支票，明天是尚未兑现的期票，只有今天是现金，有流通的价值。对世间百态，要看得开，放得下，一切随缘，一切随意，淡然面对，泰然处之，用心生活。人生最大的悲剧不是面对失去，而是没有好好把握当下。

未来，永远闪耀着无比璀璨的光芒。未知的明天，意味着收获，意味着希望，意味着一切的可能性。没有人会把自己的未来想象成失败跌跤，一无所有；虽然确实也存在这样的可能性，但是，任何人在想到未来的时候，还是愿意把它想象成一片灿烂的黄金世界。再忍一忍吧，过了今天就好了。昨天无可追，随他去吧。今天已经如此，咬牙过吧。总是这样说，也总是这样做。到了明天，才发现和今天、昨天并没有区别。正因为没有珍惜昨天和今天，才把每一个明天都变成了无可奈何的今天和不可追忆的昨天。

生活在未来的希望中，会让人忽略今天的真实存在。生活在未来的希望中，会让人不自觉地放过今天。

一位哲学家途经荒漠，看到很久以前的一座城池的遗迹。岁月已经让这个城池显得满目沧桑了，但仔细看却依然能辨认出昔日辉煌时的风采。哲学家想在此休息，便在一个石雕旁坐下来。

他点燃一支烟，望着被岁月埋没的城垣，想象着曾经发生过的故事，不由地感叹了一声。

忽然，有个声音说："先生，你感叹什么呀？"

他四下里望了望，却没有人，他疑惑起来。那声音又响起来，他端详那个石雕，原来那是一尊双面神雕像。

他没有见过双面神，所以就奇怪地问："你为什么会有两副面孔呢？"双面神回答说："有了两副面孔，我才能一面察看过去，牢牢地记取曾经的教训，另一面又可以瞻望未来，去憧憬无限美好的蓝图啊。"

哲学家说："过去的只能是现在的逝去，再也无法留住，而未来又是现在的延续，是你现在无法得知的。你不把现在放在眼里，即使你能对过去了如指掌，对未来洞察先知，又有什么实际意义呢？"

双面神听了哲学家的话，不由地痛哭起来，他说："先生啊，听了你的话，我才明白，我今天落得如此下场的根源。"

哲学家问："为什么？"

双面神说："很久以前，我守护这座城池时，自诩能够一面察看过去，另一面又能瞻望未来，却唯独没有好好地把握住现在，结果，这座城池便被敌人攻陷了，美丽的辉煌成为过眼云烟，我也被人们遗忘在废墟中了。"

活在当下，活在此刻。关注你现在的感受，专注你现在的工作，爱你现在爱的人，奉献你现在所能奉献的力量。不要以明天为借口再来自欺欺人了。如果你时时想到"现在"，就会完成许多事情；如果你常想"将来有一天"或"将来什么时候"，那将一事无成。不要把明天当作自己今天可以偷懒的借口，不要提前预支明天的生命。

在美丽的草原上，曙光刚刚划破夜空，一群羚羊从睡梦中惊醒。"新的一天开始了，我们得抓紧时间跑，如果被猎豹发现了，就可能被吃掉！"于是，羚羊群起身向着太阳升起的方向飞奔而去……

几乎在羚羊群奔向远方的同时，一只猎豹也惊醒了，它起身摇摆了几下壮实的身躯以抖去身上的灰尘，"已经有两天没吃东西了，我得立即开始寻找昨晚没有追上的猎物，如果今天还追不上它，我可能会饿死！"猎豹望着太阳升起的方向，大吼一声，狂奔而去……

就这样，每一天刚刚开始，草原上便出现了一幅壮观的景象：猎豹紧紧追赶着羚羊群，它们各自拼命地奔跑……

这场追逐的结局只有两种情况——羚羊快，猎豹可能会饿死；猎豹快，羚羊就会被吃掉……但是，哪怕羚羊只比猎豹早跑上 30 秒，就有可能保全性命，这 30 秒就意味着羚羊或猎豹是活着还是死去……

事实上，羚羊和豹子绝对不会去思考下一个 30 秒会怎样，它们只有尽全力把握好这一个 30 秒，把握好每一个 30 秒。

活在当下，每一分钟都是关乎命运的关键之所在。不要放弃现在的希

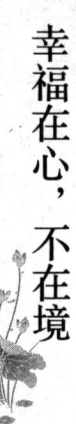
望而寄托于未来，因为未来就是今天的不断重复，必须好好把握眼前的机会，好好珍惜现在的生活。

人的一生可浓缩为"三天"，即昨天、今天、明天。昨天与今天之间有扇后门，今天与明天之间有扇前门。这"三天"中，今天最重要，过去的事情就让它过去，明天的事等它来了再说，最要紧的是，做好今天的事情。有人说，要过好今天，第一件事是"学会关门"，把通往昨天的后门和通往明天的前门都紧紧关住，这样，生活就会平添许多快乐与满足。

也许你昨日的故事绚丽辉煌，使你沉醉其中津津乐道，但昨日的天空已不在，悲哀与欢乐都是枉然；也许你盼望着明天会有一片灿烂，憧憬未来一路平坦。与其徘徊在过去和未来之间，不如在今天的土地上，洒下辛勤的汗水。今天才是走向成功与辉煌的起点。

不要为无法改变的事而流泪

在生活中，有些人终日为过去的错误而悔恨，为过去的失误而惋惜。然而，沉溺于过去的错误之中，是人们事业成功的一大障碍。一个人若想成功，就必须不断向前，而不是为过去后悔。

月有阴晴圆缺，人有悲欢离合，在人生征途中，因为种种原因，有许多人会出乎意料地遭遇失去——失去财物，失去既得利益，失去身体健康，失去升学、就业、晋级、发财的机会……万一遭遇失去，我们又该如何去面对呢？

当你面对一些不幸的打击时，要学会潇洒地挥一挥手，告别昨天。过去的已经过去，我们为过去哀伤、遗憾，除了劳心费神，于事无补。要想发挥自己的潜能，取得事业的成功，我们必须忘却过去的失误和不幸。

在生活中，有些人终日为过去的错误而悔恨，为过去的失误而惋惜。然而，沉溺于过去的错误之中，是人们事业成功的一大障碍。一个人若想成功，就必须向前，而不是为过去后悔。

"人，不应该总活在回忆里"，的确，固守过去，只能锁住智慧的仓库，让聪明者颓废，让愚昧者更无知。回忆或许是美的，然而就算其再美，在现在看来，也只能是属于过去，于现实而言只是一片空白。所以，忘记过去，忘记过去的辉煌，别让曾经的荣誉光环般环绕着你。如果你只生活在荣誉的影子里，沉溺于自认为辉煌的过去，时间老人只会鄙夷地从耕耘生活园地的犁耙上跨过，创造之神只会嘲笑般给你一把依旧笨拙的犁耙。

在美国纽约的一所中学里，有一个班级。这个班的多数学生总为过去的成绩感到不安、灰心、失望、叹气、沮丧……进而影响了新的学习。他们的老师保罗得知这一情况后，给这个班的学生上了一堂难忘的课。

这天，保罗上课时，突然一巴掌将放在桌上的一大瓶牛奶打翻在地。"啪"的一声巨响惊呆了在座的每一个学生，他们一个个目瞪口呆地看着桌上、地上四处流淌的乳白色液体，不知该怎么办才好。

这时，保罗的目光扫过每个学生的脸，同时大喊一声："不要为打翻的牛奶哭泣！"然后叫学生到讲台前仔细看一看："我要让你们记住这个道理，牛奶已经流光了，无论你怎么后悔抱怨，都已无法挽回。我们现在能做的就是把它忘记，然后注意下一件事。"

其实很多时候，重要的不是我们失去了什么，而是我们得到了什么。我们每做一件事情，都会有经验和教训产生，经验固然可贵，教训亦不可忽视。但我们不能沉湎于教训的打击，因为我们还要前进。

有位哲人曾说过："忘记过去等于背叛。"但是，我们如同驾驶生命之舟的水手在生活的海面上乘风破浪，如果一味地留恋自己曾有过的辉煌，那么我们或许会随同那辉煌像泰坦尼克号一样永沉海底。所以，忘记过去并不完全意味着背叛，一如失去并不完全是一种损失。

每个人的生命都是有限的，为了不虚度光阴，使生命尽可能卓越，我们的确应该追求得到，努力用智慧和汗水创造业绩。然而，我们也应该正确看待失去，学会忍受失去，更要学会坦然面对我们所失去的东西。为了成就一番事业，我们有时不得不失去一些感官享受；为了更好地实现自己的主要目标，我们有时不得不"丢卒保车"；尤其是为了不玷污自己的人格，我们有时不得不失去一些利益。

著名棒球手康尼·马克在谈到如何对待自己输球的烦恼时说："过去我常常这样做，为输球而烦恼不已。现在我已经不干这种傻事了，既然已经成为过去，何必沉浸在痛苦的深渊里呢？流入河中的水，是不能取回来的。"失去的东西是不可能回来的，所以，我们不应该为它们而生气，而是应该学会坦然面对失去的东西。

人生匆忙，每个人都不可能完全做到自己所想做的事情，不能得到所有自己想得到的东西，总会顾此失彼。尽管人人都懂得"有得必有失"的道理，可人们还是习惯于害怕失去，认为得到是可喜可贺，失去则是可惜可叹，每当失去都要难受一阵，甚至为之痛苦，但是失去仍然是难免的。既然这样，我们为何不及时地调整自己的心态，面对现实，承认失去呢？有时候失去并不一定是损失，而是一种取舍，一种选择。

美国著名的大众心理教育家卡耐基，在他事业刚刚起步之时，也曾遇到类似"瓶已摔破"这样的事。当时他在密苏里州办了个成人教育班，过了一段时间，他发现投入很多，回报很少，等于白白地丢掉了很多钱。他埋怨自己，为自己的疏忽感到苦恼，甚至为事业的一时挫折而精神恍惚。他找到中学时的老师乔治·约翰逊，老师只对他说了一句话："不要为打翻的牛奶哭泣。"有悟性的人，一点就透，老师的一句话如醍醐灌顶，卡耐基的苦恼顿时消失，他也振作起精神来，径直投向事业的怀抱。

牛奶被打翻，不可能重新装回瓶中。任你后悔、哀叹、捶胸顿足，都不会改变这个板上钉钉的事实。聪明的做法，就应当按照"不要为打翻的牛奶哭泣"这句话去做，这才是人生的大智慧。

在当代社会，我们更应具有这样的生存智慧，因为在社会激烈的竞争

中，我们瓶中的牛奶也可能被打翻。遇到这样不如意的事，我们要不怨天尤人，不哭天抹泪，不消沉颓唐，不心灰意懒；我们要记取教训，挺直腰杆，义无反顾，径直向前。在生活中，这样的人才能成为强者，才能事业有成，才能出人头地，才能品尝到成功的喜悦。

普希金曾说："一切都是暂时的，一切都会消失。"那么，与其恋守着或快乐或痛苦的回忆，我们不如从回忆的城里勇敢地走出来，以一份明朗的心情、一份平常的心态去对待这一切。我们也许曾经失去过，然而那不是忧伤，而是一种美丽，因为我们再次同太阳一起站在地平线上，用自己的认真去掌握曾经迷航的生命之舟。

每个人都有过去，这些过去就形成了记忆堆积在心里的角落。心里装得越来越多，心也越来越重。人生有太多的选择、太多的无奈，不要为打翻的牛奶哭泣，不要为无法改变的事而流泪，有这样的襟怀，有这样的人生智慧，命运或许会给你新的机会，迈过几道坎，拐过几道弯，成功会在那里微笑着向你招手。

用阳光的心态享受今天的时光

不要预支自己明天的烦恼，做好今天的功课，就是应对明天烦恼的最好法宝。没有什么能比此刻更珍贵，需要我们积极地把握和面对。

阳光心态是知足、感恩、乐观开朗的心态，是一种健康的心态。它能让人心境良好，人际关系正常，适应环境并力所能及地改变环境，人格健康。具备阳光心态可以使人深刻而不浮躁，谦和而不张扬，自信而又深具亲和力。

一个人幸福不幸福，在本质上与财富、相貌、地位、权力没多大关

系。幸福由自己的思想、心态而决定，我们的心可以制造"快乐的天使"，也可以制造"阴险的魔鬼"。如果你把别人看成是阴险的魔鬼，你就生活在"悲哀"里；如果你把别人看成是快乐的天使，你就生活在"愉悦"里。如果你能把别人变成丑陋的魔鬼，你就在制造"悲哀"；如果你能把别人变成快乐的天使，你就在制造"愉悦"。怎么才能把别人变成快乐的天使呢？这就要求我们学会感恩、欣赏、给予、宽容。

心态是我们调控人生的控制塔。心态的不同导致人生的不同，而且这种不同会有天壤之别。心态决定命运，心态决定成败。心态是后天修炼而成的。我们完全可以通过修炼我们的心态来成就我们的事业，改变我们的人生。

调整好心态，拥有好心情才能欣赏好风光。塑造健康的心态，塑造知足、感恩、乐观开朗的阳光心态，就是要我们建立积极的价值观，获得健康的人生。你的内心如果是一团火，就能释放出光和热；你的内心如果是一块冰，就是融化了也还是冰冷的。要想温暖别人，你内心要有热；要想照亮别人，请先照亮自己；要想照亮自己，请首先照亮自己的内心。怎样照亮自己的内心？这就要点亮一盏心灯，塑造积极的阳光心态。

我们享受生活，就要建立积极的心态。积极的心态是从正面看问题，乐观地对待人生，乐观地接受挑战和应对麻烦。这对一个人的为人处世至关重要。如李白所言："抽刀断水水更流，举杯消愁愁更愁。"把快活的日子挤进了死角，让往日的烦恼役使着自己，这是多么悲哀的事情。过去的就让它过去，无论挫折和失败，无论怨恨和悲切，无论情殇和误解，都统统把它忘掉吧，腾出一片天地，让快乐刷新今天的日子。

有哲人说过："怀着忧郁上床，就是背负着包袱睡觉。"许多人心中潜藏着一只名字叫作"烦恼"的小蚂蚁，它常常跑出来吃掉我们难得的快乐。

有个民间故事，说的是一个铁匠，家里非常贫困。于是铁匠经常担心："如果我病倒了不能工作怎么办？""如果我挣的钱不够花了怎么办？"结果一连串的担心像沉重的包袱压得他喘不过气来，使他饭也吃不

香，觉也睡不好，身体一天天越变越弱。

有一天铁匠上街去买东西，突然倒在路旁，恰好有个医学博士路过。博士在询问了情况后十分同情他，就送了他一条金项链并对他说："不到万不得已的情况，千万别卖掉它。"铁匠拿了这条金项链高兴地回家了。

从此之后，铁匠经常地想着这条金项链，并自我安慰道："如果实在没有钱了，我就卖掉这条项链。"这样他白天踏实地工作，晚上安心地睡觉，逐渐地，他又恢复了健康。后来他的儿子长大成人，铁匠家的经济也宽裕了。有一次，他把那条金项链拿到首饰店里去估价，老板告诉他那条项链是铜的，只值一元钱。铁匠这才恍然大悟："博士给我的不是一条项链，而是治病的方法！"

从这则故事里，我们可以悟出这样一个道理，不要预支自己明天的烦恼，做好今天的功课，就是应对明天烦恼的最好法宝。没有什么能比此刻更珍贵，需要我们积极地把握和面对。

时光的流逝永不停息，我们应该学会忘记过去的遗憾、过去的伤痛，因为还有许多美好的事在等着我们，支持着我们。我们无法抗拒生命的流逝，就像我们无法抗拒太阳每天的东升西落。因此，我们应学会忘记。不要总把命运加给我们的一点儿痛苦，在我们有限的生命里反复咀嚼回味，那样我们将得不偿失，百害而无一利；一味地缅怀和沉醉其中，只能使我们意志薄弱，长此以往，必然导致我们错失时机以致一事无成，如此恶性循环下去，也必然使得我们的痛苦与日俱增。

忘记昨天的嗟叹，是为了今天的振作。干大事业的人往往会为一时的得失所羁绊，而成功人士都懂得应该怎样让昨天的惨败变作明天的凯旋。

忘记烦恼，你可以轻松地面对未来的再次考验；忘记忧愁，你可以尽情享受生活赋予你的乐趣；忘记痛苦，你可以摆脱纠缠，让整个心沉浸在悠闲无虑的宁静中，体味生活多姿多彩的缤纷。忘记这一切，你会觉得你已变得豁达宽容，你已能掌握住你自己的生活，你会更加主动、有信心、充满力量去开始全新的生活。

 曲折才是人生的常态

　　一个障碍，的确让人痛苦，可反过来想，这也是一个新的已知条件，只要你有意愿、有决心，任何一个障碍，都会成为一个让你超越自我的契机，一个让你改变劣势的转折点。

　　谁都渴望自己的人生一马平川，可以任意驰骋，挥洒自己的理想。但这只是我们的一厢情愿，曲折才是人生的常态。人生路上总会有一些不顺心的事，这时，有人可能会埋怨上天不公平，感叹自己命运多舛，于是否定自己，放弃自己，觉得自己注定不会有出人头地的机会了。

　　正如一位哲学家所言，当上帝关上一扇门时，会为你另外打开一扇窗。在这个变幻无常的世界上，没有永远不变的劣势与优势，正所谓三十年河东，三十年河西，就像《红楼梦》里的四大家族一样，曾经显赫一时，可是也有"家败凋零"的时候。同理，无论你现在多落魄，也绝不要随便贬低自己，永远不要放弃自己，只要你善于思考，保持积极向上的良好心态，看上去不可逆转的劣势或许会为你叩开下一扇成功之门。

　　鲨鱼一向是海中杀手的代名词，令人闻之色变。然而，在很久很久以前，鲨鱼是海洋里唯一没有鱼鳔的鱼。鱼鳔可以说是鱼的生命，如果没有鱼鳔，鱼就不能任意地在水中上浮和下沉。所以，没有鳔对鲨鱼来说是个巨大的劣势，它只能不停地游动才能保证自己的身体不沉到水底。可也正是由于鲨鱼不停地游动，造就了它强健的体魄，敏捷的身手，锋利的牙齿，使它成为海洋中的霸主。

　　对于世间万物，造物主的态度都是公平的，有的人很穷，可也有穷人的快乐，有的人有钱，可也有富人的麻烦。一个障碍，的确让人痛苦，可

反过来想，这也是一个新的已知条件，只要你有意愿、有决心，任何一个障碍，都会成为一个让你超越自我的契机，一个让你改变劣势的转折点。关键是你如何去面对困境，如何在困境中调整心态，将困境转变成力量之源。

就拿职场来说吧，很多时候，我们都会遇到坐冷板凳的情况，不被上司器重，没有施展才华的舞台。处在这样被冷落的位置上，很多人都难免会自怨自艾、沮丧失落。在这种困境面前，一时的低落很正常，但我们要想更快地从中走出来，更重要的是去冷静思考，寻找原因。其实只要我们借此机会，调整好自己的心态，养精蓄锐，厚积薄发，把冷板凳坐热，当时机成熟时，就能有突破性的成绩。

所以，判断一个人是否是可造之才，除了看他的为人处世之道，也要观察他不受重用时的表现。

在职场上，我们都希望成为公众注目的焦点，能够呼风唤雨叱咤风云，谁也不希望被罚坐冷板凳。不甘于寂寞的我们，是不是有点太急于成功了？必须承认的是，在特定环境里，不可能所有的人都能成为主角，我们何不将坐冷板凳看作一次"中场休息"的机会？它能够让我们避开钩心斗角的最大风险，暂时收敛锋芒，把一时的孤寂当作一次考验，努力"踢"好"下半场"。

有一天农夫的一头驴不小心掉进一口枯井里，农夫绞尽脑汁想把它救出来，但是几个小时过去了，农夫还是没想到好的办法，驴子在井里痛苦地哀号着。最后，农夫决定放弃，他不愿意再大费周折地去把它救出来，于是便请来左邻右舍帮忙一起将枯井埋了，以免除它的痛苦。农夫和邻居人手一把铲子，开始将泥土铲进枯井中。

当众人铲进井里的泥土落在驴子的背部时，驴子的反应出奇的冷静和理智，它没有让泥土将自己掩埋，而是将泥土抖落在一旁，然后站到泥土上面，将这些泥土踩实。就这样，驴子将大家铲在它身上的泥土全数抖落在井底，然后再站上去。很快地，随着泥土不断加高，这头驴子成功地上升到井口，反而因为泥土的帮忙而重新获得了自由。

有时候我们就像那头驴子一样，在漫漫的生命旅程中，会遇到诸多磨难，会陷入"枯井"的困境当中，可能还会有各种外在抛落的泥沙覆盖在我们身上。这时的我们不要自暴自弃，也不必怨天尤人，而是应该以一种正确而积极的态度去应对。即便是在"枯井"里面，我们也不要哭泣，想要摆脱困境，只有将泥沙抖落，把它们作为成功路上的垫脚石，在困境中破茧成蝶。

从根本上说，低谷期和逆境是一个人成功路上时常出现的阶段，我们无法回避。我们的成绩和机会正是从低谷中争取来的。耐心把冷板凳坐热，出色地工作，从而为以后的成功打下坚实的基础，当机会来临时，你会发现曾经的劣势如今已是你最大的优势。

 ## 幸福不是追求想要的，而是珍惜拥有的

我们看惯日升月落、四季更替，却很难看淡悲欢离合、恩怨情仇，更难将伤心沮丧变成风轻云淡。其实很多时候我们都是庸人自扰而已。那何不珍惜当下拥有的呢？

生命对每一个人来说只有一次，没有彩排，不可重复也无法逆转，所以我们都要珍惜生命。我们在生命的旅程中面临很多的选择，就像鲜花选择了娇艳，于是它的种子要穿越沉重黑暗的泥土；鸟儿选择了飞翔，于是它要承受无数次练习的摔打；蓝天选择了晴朗，于是它要承受风雨雷电的洗礼；人想要长大也是要经历各种的痛苦磨难的。

每个人的生命都按着不同的轨迹在运行，大风大浪的日子要去面对、抗争、拼搏、奋斗，风平浪静的时候也要去等待、思索、憧憬和追求。

很多人都忙忙碌碌地追寻着幸福，以为幸福总在遥远的地方，却看不

到自己已经拥有的一切。其实幸福非常简单易逝，短暂到我们都不相信它那么容易丢掉。把握现在就是拥有，好好珍惜自己现在所拥有的一切吧，因为"幸福不是去追求还想要的，而是珍惜现在所拥有的"。

有一天，烦恼的少年来到一个山脚下。只见一片绿草丛中，一位牧童骑在牛背上，吹着横笛，逍遥自在。

烦恼的少年走上前去询问："你能教给我解脱烦恼的方法吗？"

"解脱烦恼？嘻嘻！你学我吧，骑在牛背上，笛子一吹，什么烦恼都没有了。"牧童说。

烦恼的少年试了一下，没什么改变，他还是不快乐。

于是，他又继续寻找。走啊走啊，不知不觉间他来到了河边。岸上垂柳成荫，一位老翁坐在柳荫下，手持一根钓鱼竿，正在垂钓。他神情怡然，自得其乐。

烦恼的少年又走上前去问老翁："您能赐我解脱烦恼的方法吗？"

老翁看了一眼烦恼的少年，慢声慢气地说："来吧，孩子，跟我一起钓鱼，保管你没有烦恼。"

烦恼的少年试了试，不灵。

于是，他又继续寻找。不久，他路遇两位在路边石板上下棋的老人，他们怡然自得，烦恼的少年又走上前去寻求解脱之法。

"喔，可怜的孩子，你继续向前走吧，前面有一座方寸山，山上有一个灵台洞，洞内有一位老人，他会教给你解脱之法的。"老人们一边说，一边下着棋。

烦恼的少年谢过下棋的老人，继续向前走。

他终于来到了方寸山灵台洞，果然见一长髯老人独坐其中。

烦恼的少年长揖一礼，向老人说明来意。

老人微笑着摸摸长髯，问道："这么说你是来寻求解脱的？"

"对对对！恳请前辈不吝赐教，指点迷津。"烦恼的少年说。

老人答道："请回答我的提问。"

"有谁捆住你了吗？"老人问。

"……没有。"烦恼的少年先是愕然，而后回答。

"既然没有人捆住你，又谈何解脱呢？"老人说完，抚着长髯，大笑而去。

烦恼的少年愣了一下，想了想，有些明白了：是啊！又没有任何人捆住自己，我又何须寻找解脱之法呢？我这不是自寻烦恼，自己捆住自己了吗？

我们看惯日升月落、四季更替，却很难看淡悲欢离合、恩怨情仇，更难将伤心沮丧变成风轻云淡。其实很多时候我们都是庸人自扰而已。那何不珍惜当下拥有的呢？

人的生命其实是很脆弱的，只是时间让它变得坚强。每一次受到伤害的时候，我们都是用时间去疗伤，因为时间可以让我们渐渐地淡忘痛苦。或许，我们执着的并不是事情本身，痛苦的也不是事情本身，而是我们对一些事情过后的看法。而时间，让我们放下这些看法，把注意力再次集中到我们自己身上，集中到我们所拥有的事物、经历、心情上。

孔子说："逝者如斯。"过去的日子，就像清澈的流水，历历在目，可是若想抓住，却是徒然。但我们并非两手空空，因为我们感受过、记忆过、吟唱过。把握住今天，我们可以继续前行。

有时候停下来是为了看得更远，休息是为了走得更远。在驻足、停下的宝贵一刻，不要去想还有太多的遗憾想要去弥补，或者是还有太多的憧憬要去实现，更不要对今天的自己也患得患失起来。这时候，生活中的快乐就像海边的贝壳，拾不尽，捡不空；成功的得来就犹如佛手拈花，潇洒从容，平淡幸福。我们珍惜今天拥有的，上天才赐给我们这最好的礼物。

究竟什么才是我们真正该珍惜的呢？我们又该以什么标准去衡量人生的价值呢？我们要珍惜的，不是我们买的东西，也不是我们所创造的，更不是我们所获得的，而是我们给予的；我们要珍惜的，不是我们曾经获得的成功，而是我们的价值；我们要珍惜的，不是我们曾学会了什么，而是我们留下了什么；真正值得我们珍惜的，应该是用自身的正直、同情心、勇气以及奉献精神去感染和鼓舞他人，使自己成为一个好榜样；我们要珍惜的，不是我们的能力，而是我们的为人；我们要珍惜的，不是我们曾与多少人相识，而是当我们离开时，那些会因我们的离去而久久陷于悲伤的人；我们要珍惜的，不是我们离去后，会在人们的心中留下多久的回忆，而是哪些人会因哪些事而将我们铭记于心。

第2章
有一颗自知心，你会更清醒

在古希腊神庙的山上，铭刻着一句话：认识自己。2000多年来，这句话一直在启示着人们：人贵在自知。的确，人最难认清的是自己，最大的对手也是自己。正如"当局者迷"，我们永远看不清自己的"真面目"。

一个人如果不能正确地认识自己，不能准确地给自己定位，不知道自己要什么，就只能浑浑噩噩地度日，永远停滞不前、碌碌无为。只有在认识自己的优势和局限后，我们才能成功地追求到自己想要的。

真正的智者绝不回避自己的短处和过错

如果有人批评我们，这时不要先替自己辩护。我们要谦虚，要明理，要依靠行动为自己赢得别人的喝彩。面对批评我们应该虚心地接受，小心地选择，衷心地采纳。

富兰克林说："批评者是我们的益友，因为它点出我们的缺点。"可是人往往都是喜欢被别人夸奖的，很少人喜欢被别人批评。每个人都喜欢被别人赞美，每个人都喜欢别人肯定自己。表扬与赞美自己的话，谁都愿意听，可是一旦说自己不好，就会感到不高兴，觉得心理受到伤害。其实，这个时候，你应该为自己庆幸，因为正是在这个时候，你才能发现自己的不足，然后去改正，使自己变得更加完美。

每个人都不喜欢接受批评，而希望听到别人的赞美，也不管这些批评或这些赞美是不是公正的。似乎我们不是一种讲逻辑的动物，而是一种感情动物，我们的逻辑就像一条小小的独木舟，在又深又黑、风浪又大的情感海洋里漂荡。

卡耐基说每当有人开始批评他的时候，只要他稍不注意，就会马上很本能地开始为自己辩护，甚至可能还根本不知道批评者会说些什么。每次他这样做的时候，就觉得非常懊恼。因此他认为，接受批评是一种最难培养的习惯。

如果有人批评我们，这时不要先替自己辩护。我们要谦虚，要明理，要依靠行动为自己赢得别人的喝彩。面对批评我们应该虚心地接受，小心地选择，衷心地采纳。

李特尔是 18 世纪德国地理学开创人之一，他慷慨地提拔年轻的批评

者——弗勒贝尔的故事是感人至深的。李特尔非但不嫉恨和打击这位莽撞的批评者，反而把他的批评文章推荐给一个著名的学术刊物，而且他本人还在公开发表的评论里，对这位青年学者的"敏锐头脑"和"真挚思想"大加赞扬。后来弗勒贝尔来到柏林，李特尔还热情接待他，为他安排当时他极为需要的工作。

一位受人尊敬的学术权威，如此对待一位毫不客气地批评他的后生晚辈，这是否会使那些害怕甚至敌视批评的人觉得汗颜呢？

有时别人的批评不是对我们个人本身的不满，而是对我们做事或是对人态度的不满，他们的批评是对我们做出改善的建议，并不是无中生有的挑剔。善意的批评可以让我们知道自己存在着哪些不足和缺点，以便能逐步弥补和改掉它们，以便完善自己。

有一次，爱德华·史丹顿称林肯是"一个笨蛋"。史丹顿之所以生气是因为林肯干涉了史丹顿的业务。有一次，为了取悦一个很自私的政客，林肯签发了一项命令，调动了某些军队。史丹顿不仅拒绝执行林肯的命令，而且大骂林肯签发这种命令是笨蛋的行为。结果怎么样呢？当林肯听到史丹顿说的话之后，他很平静地回答说："如果史丹顿说我是个笨蛋，那我一定就是个笨蛋，因为他几乎从来没有出过错。我得亲自过去看一看。"

林肯果然去见史丹顿，他知道自己签发了错误的命令，于是收回了成命。只要是诚意的批评，是以事实为根据而有建设性的批评，林肯都非常欢迎。

闻过则喜，这是中国古代哲人对待批评的态度。听到别人批评自己的过错为何不感到沮丧，反而欣喜？因为人们只有认识到自己的过错，才能纠错改过、走向完善；只有认识自己的短处，才会想方设法补其短、促其长。

唐太宗在位时期，有名的谏臣魏征总是直言进谏，因此时常让唐太宗感到不高兴，但是唐太宗明白其中的道理，同时也为自己有这样的大臣感到庆幸，于是总是欣然接受魏征的意见。唐朝在唐太宗时期政治、经济、文化上都出现了兴盛局面，被称为"贞观之治"，也在世界上产生了深远的影响。这些都和唐太宗广开言路有着重要的关系。

一天，唐太宗升朝议事，他端坐在龙座之上，双手轻按龙座扶手，神态庄严、威武，两边侍者大气不敢出。他轻轻咳嗽一声，问大臣："众爱卿，你们中的许多人都是能言善辩的宿儒，为什么上朝议事，却总是慌慌张张，甚至颠三倒四呢？"

魏征深知个中缘由，便上前一步，毫不客气地奏道："皇上，你形象威武，每上朝又总是神态严肃，气势咄咄逼人，加之朝廷气氛森严，所以为臣的才那么慌张。皇上以后临朝，宜稍减龙威，最好放下皇帝的架子，对大臣和颜悦色。这样，大臣们发言讲话就会自然了。"

唐太宗有些暗中得意，又有些难堪；但转念一想，又觉得这种肺腑之言难得，不便发作。于是，他将计就计，想用近来萦绕于胸的问题难一难魏征。"爱卿之言提醒了我。近来，我一直在思考古人常议论的'明君'、'暗君'的问题。你对这明、暗之别，有何高见呢？"

魏征胸有成竹，缓缓上前，应声答道："陛下，作为万民之主而能兼听各方面的意见，则为明君。偏听一方意见，甚至于偏信小人的意见，则为暗君。像隋炀帝那样的君主，就是暗君。只有明君，办事才能不出差错，赢得万民拥戴。而暗君，必定落得个身死名裂，亡国灭族的下场。请陛下慎之。"

在这段对话中，虽然唐太宗对魏征的直言感到难堪，但觉得这是肺腑之言，于是并没有发作，反而让魏征更加大胆地说出自己的意见，因为唐太宗知道，魏征是为了把国家治理得更好。虽然魏征的话让唐太宗觉得不舒服，但是魏征提出的都是治国策略，是在为唐太宗出谋划策，对整个国家有利，这也是唐太宗感到高兴的地方。

批评犹如一面镜子，但这面镜子总是要别人提供给我们的。人家愿意免费地把镜子借给我们，提醒我们，帮我们擦亮自己的眼睛，我们当然应该感谢和感激。

当然批评也有善意的批评和恶意的批评之分。所以，在接受别人的批

评时我们要保持平静，用理性、用智慧去思考及衡量。对善意的批评应当虚心接受，并及时改正自己的缺点，这是感激善意的批评者的最佳方法；对恶意的批评大可采取"取其精华，去其糟粕"的态度，取其有意义的内容为我所用，而对其恶意的外壳，一笑置之即可，不必过分计较。

人贵有自知之明

一个人只有了解得多，才会认识到自己知道得少；反过来，认识到自己知道得少，说明他已经比一般人知道得多了。

自知，就是要知道自己、了解自己。常言道"人贵有自知之明"，把人的自知称之为"贵"，可见人是多么不容易自知；把自知称之为"明"，又可见自知是一个人智慧的体现。人之不自知，正如"目不见睫"——人的眼睛可以看见百步以外的东西，却看不见"紧密团结"在自己周围的睫毛。

最好的木匠总是材尽其用，最聪明的人总是人尽其才。一个人只有正确认识自己，理智地分析所处的环境，才能找到最适合的位置，才能充分施展自己的才能。不管是成功、得意的时候，还是失败、失意的时候，一个人只有认清自己，才能扬长避短，更上一层楼。

有人曾问古希腊哲学家泰勒斯："你认为人活在这个世界上，什么事情是最困难的?"泰勒斯回答说："认识你自己。"

确实，对人们来说，认识自己是一件很困难的事情，能认识自己的短处则更加困难。不能正确认识自己是人生一大悲哀。认识到自己的局限性，善于发现自己的缺点并努力克服才是我们增长智慧最可靠的方法。

自知的人是最有力量的人。在成功时，自知的人更多地看到自己的缺

点和弱点，不会因一时的成功而自高自大、得意忘形，而是始终自勉自励，百尺竿头，更进一步。在失败时，自知的人更多地看到自己的优点和优势，不会垂头丧气，一蹶不振，而是再接再厉，奋发图强。

一次，哲学家捷诺的学生问他："老师，您的知识比我们多许多，您回答问题又十分正确，可是您为什么对自己的解答总是有疑问呢？"

捷诺用手在桌上画了大小两个圆圈，说道："大圆圈的面积是我的知识，小圆圈的面积是你们的知识。圆圈的外面，是你们和我无知的部分。大圆圈的周长比小圆圈的长，因而我接触的无知的范围比你们多。这就是我为什么常常怀疑自己的原因。"

有成就的人往往是自知的人。应该说，正是因为自知，他们才成为行业中的佼佼者。

威廉·巴克利曾经是美国政界很有影响力的人物之一。1965 年，他竞选纽约市市长一职，实际上，巴克利本人对竞选结果并不怎么期待，因为他明白自己获胜的希望微乎其微。

其间，有记者问道："如果你竞选成功，你要做的第一件事是什么？"巴克利回答说："我首先会重新清点一下选票，看有没有弄错。"巴克利是幽默的，也是明智的，仅这一点就让很多人望尘莫及。

生命是短暂的，知识是无穷的，我们不可能无所不知，但是，在现实中敢于承认自己无知的有几人？古希腊喜剧家阿里斯托芬的弟子阿里斯塔克说："从前，全希腊仅有七位智者，因为只有他们才知道自己的无知。而当前，要找七个自知无知的人很不容易。"

苏格拉底提出"人应该知道自己无知"，意思是说，人类所具有的聪明智慧，其实是微不足道的；许多自以为有智慧的人，实际上并没有多少智慧。每个人都应该认识到这一点，时刻提醒自己，不要以"智者"自居。

一个人只有了解得多，才会认识到自己知道得少；反过来，认识到自己知道得少，说明他已经比一般人知道得多了。伟大的物理学家牛顿也曾有感于此，他说："我只不过是一个在大海边拾到几只贝壳的孩子，而真

理的大海我还未曾接触。"

人贵有自知之明。可怕的自我陶醉比公开的挑战更危险。自以为是者非是，自以为明者不明。自明，然后能明人。流星一旦在灿烂的星空中炫耀自己的光亮时，也就结束了自己的一切。自高必危，自满必溢。胜利时就认为完美无缺，成就大就居功自傲，名声高即目中无人。在这方面古人有经典论述，"三人行，必有我师焉"，"知人者智，自知者明"。

一个人只有真正了解自己的长处和短处，避己所短，扬己所长，才能对自己的人生坐标进行准确定位。当你认识到自己的不足之时，也就是进步的开始。

我们要客观地审视自己，跳出自我，观照自身，如同照镜子，不但看正面，也要看反面；不但要看到自身的亮点，更要觉察自身的瑕疵。

我们要认清自己，不勉为其难，不打肿脸充胖子；正确衡量自己的能力，既不盲目自大、高估自己，也不妄自菲薄、看低自己；要不断完善自我，有则改之，无则加勉。须知天外有天，人外有人；尺有所短，寸有所长；踏踏实实做事，才能一步一个脚印，走出一条属于自己的人生之路。

 ## 出身不能决定未来，请相信天道酬勤

成功和辛勤的劳动是成正比的，有一分耕耘就有一分收获，就如愚公移山，日积月累，奇迹就可以创造出来。正是"天下无难事，只怕有心人"。

每个人身上都蕴涵着惊人的潜能，这与出身无关。越是出身苦的人反而越容易激发自己的潜能，很多成功人士的经历都证明了这一点。所以，不要以为自己出身不好就自暴自弃，就像那句话说的：上帝关了一扇门，

会为你再打开一扇窗的。

曾国藩曾创立了威震一时的湘军，在中国历史上非常有影响，他的成功常为后人所倾慕。但是，如此一个大人物，少年时却是一个天赋不高的人。据说有一天，曾国藩在家秉烛读书，把一篇文章读了数十遍，还是没能背下来。这时候他家摸进来了一个飞贼，潜伏在他的屋檐下，只等着曾国藩入睡之后进去偷掠一番。谁知飞贼等了又等，等得浑身骨头都要散架了，曾国藩还在那里翻来覆去地念同一篇文章。飞贼实在忍不住了，他怒气冲冲地跳出来，冲着曾国藩大骂道："笨蛋！这个脑筋还读什么书！听我的！"说完这飞贼极其流利地将这篇文章背诵了一遍，一字不错，然后"骄傲"地离去了。

按说这飞贼可比曾国藩的脑筋灵光多了，只听了几遍就记住了，曾国藩读了几十遍还没能记住。但是，曾国藩认准了一个理，勤能补拙，在不懈的努力下，他终于取得了人生的辉煌。所以说，成功和辛勤的劳动是成正比的，有一分耕耘就有一分收获，就如愚公移山，日积月累，奇迹就可以创造出来。正是"天下无难事，只怕有心人"。

在很多成功人士的身上，有一个共同的特点，那就是无论条件怎样艰苦，他们都不曾放弃，他们相信天道酬勤，一分劳动一分收获，有汗水不一定有收获，但没有汗水一定没有收获，只要坚持不放弃，最终一定会获得成功。

谁不想成功呢？可能每一个人都曾发过宏愿，期望自己将来一定能成功。但是仅仅有伟大的志愿是远远不够的！将军出于卒伍，宰相始于小吏，没有谁可以一步登天。

可是现代人比较急功近利，心态普遍比较浮躁，做什么事情都希望一蹴而就，最好是一夜暴富、一夜成名，都希望走捷径，可是世上哪有那么多捷径可走？我们有渴望成功的权利，也一定要有渴望成功的"野心"，但是，"没有人能随随便便成功"，不付出努力和劳动，成功就好比是镜中花、水中月，可望而不可即。

接纳自己不是画地自限，而是认清自己

　　我们要逐渐学会跟自己和解，接纳自己的优点和不足，真诚地喜欢自己，包括自己的不完美。你会发现自己不但获得了更多的魅力，生活和人生也充满了更多的喜悦。

　　人生最大的痛苦莫过于跟自己过不去，一个人生活得幸福与否，完全取决于自己对待生活的态度。当你不能接纳生活、接纳自己时，你就会感觉生活就是无边的苦海，活着就是煎熬。

　　不能接纳自己、接纳生活的人，总是对生活不满和抱怨。常言说得好，人生不如意十之八九，有谁是一帆风顺地走过来的呢？又有谁能信誓旦旦地说在以后的人生道路上不会有任何挫折和失败呢？生活总会有酸甜苦辣、喜怒哀乐，不如意的事很多很多。这也让我们对自己越来越不满意，"为什么我处处不如别人?!"这是很多人的心声。我们可能没有一个好爸爸、没有高学历、没有钱、没有漂亮的脸蛋、没有聪明的大脑、没有好工作、没有好运气、没有房子、没有对象……当我们不能肯定自己，或者只用权势、虚荣、占有来肯定自己时，就会变得非常脆弱、非常容易被蒙蔽、非常容易在这个物质的世界里迷失自己。

　　人只有在生活的时空之中、在当下接纳自己，把生活本身当做目的，而不是为了追求物质而把生活变成手段，这样才会发现生活的妙诀，才能看出自己是独一无二的。你的喜悦，必须用你自己的心去体会，而不是用别人的赞誉来支撑。

　　也许我们很多人生活困窘，无法享受富足的生活，但是，这并不意味着我们的生活就很糟糕，我们同样有追求幸福生活的权利。当我们在物质

上一无所有的时候，内心富足也是一种富有。当我们感到生活贫乏时，要学会去探寻生活的艺术，学会思考，不要把思维局限在一个框框里，我们会发现生活其实很动人，只是我们被偏见蒙蔽了眼睛。所以，接纳我们的生活吧，接纳生活给予我们的一切，接纳生活就等于是接纳自己。

子祀和子舆是一对非常要好的朋友。有一天，子舆突发疾病，作为好朋友，子祀前去探望。两人见面交谈时，子舆站在镜子面前，调侃自己说："神奇的造物主啊！竟让我变成驼背！背上还生了五个疮，因为过于伛偻，我的面颊快低伏到肚脐上了。两肩也高高地隆起，比头顶还高，你看，我的脖颈骨竟朝天突起！"

子舆是因为感染了阴阳不调的邪气，所以才变成上面他所说的那副怪模样。但是子舆没有抱怨，还颇为自得地一步步走到井边，从井里看自己现在的这副样子，又开自己的玩笑说："哎哟！伟大的造物主又要把我变成这滑稽的模样呢！"

子祀有些担心，就问："你是不是厌恶这种病呢？"子舆说："不，我不厌恶，我为什么要厌恶这种病呢？如果我的左臂变成一只鸡，那我便用它报晓；如果我的右臂变成弹弓，那我便用它去打斑鸠烤野味吃；如果我的尾椎骨变成车，那我的精神就变成马，这样我就四处遨游，无须另备马车了。得是时机，失是顺应，如果人能安于时机并能顺应变化，那无论是喜是悲都不能侵犯心神，这就是所谓的'解脱'。如果人不能自我解脱，就会被外物所奴役束缚。物不能胜天，这是事实，当我不能改变它时，我为什么不接纳它呢？"

故事虽短，但是道尽了生活的智慧。人必须接纳生活，"安于时机并能顺应变化"，才能好好地生活，才能让心神不受侵犯。看看子舆，他对自己丑陋的外表非但没有怨天尤人，反而自嘲、调侃自己，甚至对自己欣赏起来。所以说，人唯有接纳生活、接纳自己，才能超越平凡的生活，战胜并不完美的自己。

接纳自己不是画地自限，而是认清自己。每个人都有优点和缺点，有其特有的能力、经验和机遇，只有接纳自己，生活才可能变得朝气蓬勃；

只有接纳才有喜悦，才知道痛下针砭；否则，就等于是在否定生活、否定自己，然后很快便会迷失自己，继而感到空虚和无奈。

在一个不大的小镇上，有一个退伍军人，他少了一条腿，只能拄着一根拐杖走路。一天，他走过镇上的马路，走向位于小镇另一端的教堂。过往的人都带着同情的语气说："你看这个可怜的家伙，难道他要向上帝祈求再有一条腿吗？"退伍军人听到了人们的窃窃私语，他便转过身对他们说："我不是要向上帝祈求再有一条腿，而是要祈求上帝帮助我，让我失去一条腿后，也知道该如何把日子过下去。"

在现实生活中，我们不管遇到什么挫折都要接纳自己，多想想自己的优点。一个懂得接纳生活、接纳自己的人，会把握住自己的做人准则，以自己的言行塑造自己的人生。一旦你学会接纳现实的生活和自己，你就会发现生活中的每一天都充满了阳光！正如印度的奥修所说的："学习如何原谅自己。不要太无情，不要反对自己。那么你会像一朵花，在开放的过程中，将吸引别的花朵。"

 ## 自省可以改变一个人的命运和机缘

如果一颗心总是被灰暗的风尘覆盖，干涸了泉眼、黯淡了星光、失去了生机、丧失了斗志，人生轨迹岂能美好？

成功者普遍具有自省的特质。自省让一个人更接近生命的本质，了解生命的意义，更懂得感恩与包容。古语云：正己不求于人，则无怨。上不怨天，下不尤人。怨天尤人者，抱怨过去受到的伤害，就给未来的伤害创造了机会；想寻求别人的声援，得到的却多是轻蔑和嘲笑。聪明的人从不用自己的失败或耻辱来博取众人的同情，而只张扬别人对他的尊敬。

人的一生，就像一趟旅行，沿途中有数不尽的坎坷泥泞，但也有看不完的春花秋月。如果一颗心总是被灰暗的风尘覆盖，干涸了泉眼、黯淡了星光、失去了生机、丧失了斗志，人生轨迹岂能美好？而一个人如果能保持一种健康向上的心态，即使身处逆境、四面楚歌，也一定会有"山重水复疑无路，柳暗花明又一村"的那一天。

怨天尤人的人总认为自己怀才不遇，社会对他太不公平。现实生活中，我们经常能看到或遇到这样的事情：某一项工作、事情出现了失误，当事人在需要说明情况时，或推诿责任，或寻找客观原因，很少从自身查找原因。他们自己需要完成的某项工作，在没有达到目的或做得不够好时，他们也会原谅自己：别人也许还做不到这样呢。

另外一些人则着重于"正己"。正己就是反省，看看自己错在哪里，应该如何避免。固然，一件事情和工作的成功与失败，不能武断地确认是内因或外因起决定因素的；然而"正己"和"怨天尤人"却有着态度和责任心上的本质区别。

"正己"是从自身寻找原因，而后加以改正去完成；而"怨天尤人"则把原因推给也许有原因也许没有原因、也许原因大也许原因小的其他人，能不能改正、什么时候能改正也不是自己的问题了。其实人的缺点和不足都是客观存在的，就像窗户上的玻璃，总会染上灰尘，只有"时时勤拂拭"，才能保持明亮光洁；而回避不足，只会留下隐患，妨碍自己的进步。所以，我们不可以陶醉于成绩，更不可以文过饰非。

英国著名小说家狄更斯的作品是非常出色的。但是，他对自己却有一个规定，那就是没有认真检查过的内容，绝不轻易地读给公众听。每天，狄更斯会把写好的内容读一遍，去发现问题，然后不断改正，直到 6 个月后读给公众听。

法国小说家巴尔扎克也会在写完小说后，花上一段时间不断修改，直到最后定稿。这一过程往往需要花费几个月甚至几年的时间。正是这种不断自我反省、自我修正的态度，让这两位作家取得了非凡的成就。

中国著名的儒家学者曾子说："我每天多次自我反省：为别人办事

第 2 章 有一颗自知心，你会更清醒

是不是尽心竭力了？和朋友交往是不是做到诚实了？老师传授的学业是不是复习了？"孔子认为曾子能够继承自己的事业，所以特别注重传授学业于他。

一次，曾子对他的学生子襄讲什么是勇敢，就直接引用孔子的话，他说："你喜欢勇敢吗？我曾听孔子说过什么是最大的勇敢：自我反省，正义不在自己一方，即使对方是普通百姓，我也不恐吓他们；自我反省，正义在自己一方，即使对方有千军万马，我也勇往直前。"

自省是我们认识自己、改正错误、提高自己的有效途径，自省使我们的人格不断趋于完善，让我们走向成熟。我们只有善于发现并且敢于承认自己的过失，才可以进一步纠正过失。人往往看不到自己的短处，很多缺点都是通过旁人的指点才得以知道。这就要求我们用一颗平常心来对待别人善意的规劝和指责，反省自己的过失。俗话说"忠言逆耳利于行"，那些逆耳忠言常常能照亮我们不易察觉的另一面，让我们更好地进步。

日本保险业泰斗原一平在 27 岁时进入日本明治保险公司开始推销员生涯。当时，他穷得连午餐都吃不起，并夜夜露宿公园。

有一天，他向一位老人推销保险。等他详细地说明之后，老人平静地说："听完你的介绍之后，我丝毫提不起投保的意愿。"

老人注视原一平良久，接着又说："人与人之间，像这样相对而坐的谈话，一定要具备一种强烈的吸引对方的魅力，如果你做不到这一点，将来就没有什么前途可言了。"原一平哑口无言，冷汗直流。

老人又说："年轻人，先努力改造自己吧！"

"改造自己？"

"是的，要改造自己首先必须认识自己，你知不知道自己的不足之处在哪里呢？"

老人又说："你在替别人考虑保险之前，必须先考虑自己，认识自己。"

"考虑自己？认识自己？"

"是的！赤裸裸地注视自己，毫无保留地彻底反省，然后才能发现自己的不足。"

原一平接受了老人的教诲，他策划了一个"批评原一平"的集会。集会的目的是让别人能坦率地批评自己，所以他确定了下列三项原则：一是集会要使人人都能畅所欲言，所以人数不能多，以 5 人为限；二是为了要让更多的人都有批评的机会，每次邀请的对象不能相同；三是既然是他主动邀请别人来的，别人就都是他的贵宾，一定要热诚地招待他们。

一切准备好之后，他立刻去拜访几个关系较好的投保户，他诚恳地对他们说："我才疏学浅，又没有上过大学，因此连如何反省都不会，所以我决定召开'原一平批评会'，恳请您抽空参加，对我的缺点加以指正。"这些人觉得这种性质的集会很有意思，都很痛快地答应了。

原一平把大家提出的宝贵意见都一一记下来，随时反省自己。随着批评会的定期举行，他发觉自己就像一条蚕正在"蜕变"。每一次的批评会，他都有被剥一层皮的感觉。经过一次又一次的批评会，他把自己身上一层又一层的"劣根"剥了下来，他感到自己在逐渐进步、成长。他把在批评会上获得的改进用在每天的推销工作中，结果他的业绩直线上升。

《礼记·乐记》有云："好恶无节于内，知诱于外，不能反躬，天理灭矣。"这就是"反躬自省"的最早出处，意思是回过头来检查自己的言行得失，其目的就是要通过自我反省随时了解、认识自己的思想、情绪与态度，从而弥补短处，纠正过失，不断完善自我。这是积极追求进步的一种表现。一个人如果不懂自省，他就看不见自己的问题，更不会有"自救"的愿望。我们做人，与其低着头埋怨错误，不如昂起头纠正错误。

事实上，每个人在做事的时候都要持有自我反省、自我修正的态度，并以不断的追求去实现自己美好的愿望。一个善于自我反省的人，往往能够发现自己的优点和缺点，并能够扬长避短，发挥自己的最大潜能；而一个不善于自我反省的人，则会一次又一次地犯同一些错误，不能很好地发挥自己的能力。

每个人都可能会有做一些平凡的工作的经历。这时候，如果只抱怨他人或环境，他就不可能认真去做这些事，也就不可能取得成功。如果一个人愿意把自己放在一个平凡的岗位上，以自我为改变的关键，不断反省自己，找到更好的方法，成功就一定会等着他。自省是一种智慧，是一种力量，自省可以改变一个人的命运和机缘，使他达到更高的境界。

在别人肯定你之前自己先肯定自己

欣赏自己，也不是孤芳自赏、顾影自怜，而是用一颗真诚、善良的心灵，去感知世界、认识自我，认认真真过好生命中的每一天。

人如果认为自己一生下来就已被判"死刑"，固执地把自己放在最不利的位置，那么活着不过是让苦难缠绕，而活下去也不过是徒具形式，走到生命的终点罢了。这种想法，不但否定了自己，也否定了生命的存在价值。

在有限的岁月里发掘和燃烧自己，真正地绽放和诠释生命是一种存在，是跟时代吻合的存在，这才是我们应该持有的正确的人生态度。尽管地球不因为我们的存在而转动，时光也不因我们的努力而回到从前，但只有这样努力过，我们才会觉得生活幸福、甘甜。

天空暗到一定程度，星星就会熠熠生辉。肯定自己，与华丽富有的生活无关，与清贫平淡的生活无关；肯定生命的价值不一定要轰轰烈烈，也不一定要默默无闻。生命需要肯定，因为只有肯定了自己，生命才会被赋予价值，人生才会焕发光芒。

肯定自己不是一味地迁就自己，也不是无原则地宽恕自己。自己的缺点要勇于否定，自己的优点也要敢于肯定。在这个过程中，我们要不断地反思自己，对自己的问题和缺点应该否定，而对自己的优点和长处应该肯定。欣赏自己，也不是孤芳自赏、顾影自怜，而是用一颗真诚、善良的心灵，去感知世界、认识自我，认认真真过好生命中的每一天。

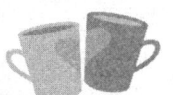

拿破仑说过，一个人应养成信赖自己的好习惯，即使再危急，也要相信自己的勇气与毅力。我们要经常富有创意地与自我对话，找到自己的价值，从而能够自我肯定。

也许我们的幻想一次次地被现实无情地击碎，只要我们正确了解自我，并勇于超越自我，在人生风雨中酣畅淋漓地展示自我，活出自己的风采、魅力，潇潇洒洒，坦坦荡荡，我们收获的，就绝不会只是无奈和辛酸。

在一次讨论会上，一位著名的演说家手里高举着一张 20 美元的钞票。面对会议室里的 200 个人，他问："谁要这 20 美元？"一只只手举了起来。

他接着说："我打算把这 20 美元送给你们中的一位，但在这之前，请准许我做一件事。"他说着将钞票揉成一团，然后问："谁还要？"仍有很多人举起手来。

他又说："那么，假如我这样做又会怎么样呢？"他把钞票扔到地上，又踏上一只脚，并且用脚碾它。尔后他拾起钞票，钞票已变得又脏又皱。

"现在谁还要？"还是有人举起手来。

"朋友们，你们已经上了一堂很有意义的课。无论我如何对待这张钞票，你们还是想要它，因为它并没贬值，它依旧值 20 美元。"

人生路上，我们也许会无数次被逆境和挫折击倒、打败，我们觉得自己似乎一文不值；但无论发生了什么，或将要发生什么，我们绝不能忘记一点，那就是我们还没有丧失自己的价值，这是我们重新来过的"本钱"。

要肯定自己，首先我们必须学会不要靠别人的认同来支撑自己，而是改变自己在自己心中的印象，乐观积极地生活，这样我们会快乐起来，也会自信起来，走路时我们要抬起头，在心里就认为自己是很棒的一个人。

没有人不希望自己的人生一帆风顺，但现实中，没有哪一个人的一生是没有遗憾、没有荆棘。过去是我们一步一个脚印留下的，未来则是我们一步一个台阶实现的，留下脚印的深浅、多少都在于现在的自己，我们能拥有和肯定的只有现在的自己。

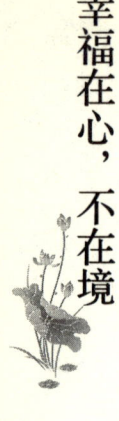

我们肯定现在的自己，虽不能解决所有问题，但一定可以减少遗憾。生活中很多事情让人烦心，这就像掉在装满水的水杯中的尘土，只要保持稳定，让尘土慢慢沉淀下去，就能让水保持清澈透明。同样，我们不去过多地求全责备，那么，心也能更加清澈明亮，从而积极乐观地去把握现在的自己，一步步走好脚下的路，就可以避免遗憾再次发生。

"天生我材必有用"。在生活中，我们要肯定自己的品格，用积极乐观的心态迎接生活；在工作中，我们要学会肯定自己的价值，全力以赴把工作做好。我们应当牢记，最重要的不是别人的肯定，而是自己对自己的肯定，只有自己肯定了自己，我们才会把自己的所有潜能都发挥出来，成就一个不一样的自己。

 ## 自信使弱者变强，强者更强

法国大文豪维克多·雨果这样说过："应该相信，自己是生活的战胜者。"这是告诉人们要对自己抱有信心，相信自己的天赋与才能，坚持独一无二的自己。

自信是一种积极的心理状态和可贵的进取精神。人的一生是曲折坎坷的，在追求学业和事业的路上，更不会事事如意、一帆风顺。自信赋予人成功的力量，使人能在荆棘中开辟一条坦荡之路，在暴风雨中固守一片鲜花胜地，对不可能说——不！

小泽征尔是世界著名的交响乐指挥家。他在音乐上的自信可是出了名的。在一次世界优秀指挥家大赛的决赛中，同其他参赛者一样，小泽征尔按照评委会给的乐谱指挥演奏。但是在演奏过程中，他敏锐地发现了不和谐的声音。起初，小泽征尔以为是乐队演奏出了差错，于是他就停下来重

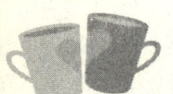

新演奏，但还是不对。小泽征尔判断是乐谱的问题。可是当他提出质疑时，在场的作曲家和评委会的权威人士坚持说乐谱绝对没有问题，是他判断错了。小征泽尔思考再三，斩钉截铁地说："不！一定是乐谱错了！"当时，他面对的是一大批音乐大师和权威人士，他这样的坚持是需要相当的自信和勇气的。事实证明，小泽征尔的判断是正确的。当他坚决坚持自己的判断时，评委席上的评委们立即站起来，对他报以热烈的掌声，齐声祝贺他大赛夺魁。

原来，这是评委们精心设计的"圈套"。评委们如此别出心裁地考验参赛的选手，就是想检验指挥家在发现乐谱错误并遭到权威人士"否定"的情况下，是否还能坚持自己的判断。其实，在小泽征尔之前的两位参赛者也发现了问题，也提出了质疑，但是却不够自信，不敢否定权威的意见，因此而错过了机会，小泽征尔却因充满自信而摘取了世界指挥家大赛的桂冠。

自信就是一种对自己肯定的信念，也是一种坚强意志和坚忍毅力的体现。自信不是自负，虽然有时候它们很相似，自负的人常常自以为是或自以为了不起，而自信是一种内在的精神力量，能鼓舞人们去克服困难，不断进步。当你充分自信时，世界都会向着你。

卡丝·黛莉颇有音乐天赋，然而她却长了一口龅牙。第一次上台演出的时候，为了掩饰自己的缺陷，她一直想方设法把上唇向下撇着，好盖住外露的门牙，结果她的表情看起来十分好笑。她下台后，一位观众对她说："我看了你的表演，知道你想掩饰什么。其实这又有什么呢？龅牙并不可怕，尽管张开你的嘴好了，只要你自己不引以为耻，投入地表演，观众就会喜欢你。"

卡丝·黛莉接受了这位观众的建议，不再去想牙齿的事情。从那以后，她关心的只是听众，像一切都没有发生那样张大了嘴巴尽情歌唱，最后成为一位非常优秀的歌手。一口龅牙并没有给她带来任何不良影响，反而还成了她形象上的一大特色。人们接受甚至喜欢上了她的龅牙，就像喜欢她的歌声一样。从某种意义上说，外露的牙齿和她的歌声一起，构成了一个完整的卡丝·黛莉。

萧伯纳有句名言："有信心的人，可以化渺小为伟大，化平庸为神奇。"在现实生活中，自信有一股神奇的魔力，它可以使弱者变强，使强者更强。当然，自信也不是每个人天生就具备的，但自信可以后天培养。一个人拥有自信之前和之后会产生巨大的差别，这种差别可以影响一个人的一生。

法国大文豪维克多·雨果这样说过："应该相信，自己是生活的战胜者。"这就是告诉人们要对自己抱有信心，相信自己的天赋与才能，坚持独一无二的自己。一个人如果没有自信，只会羡慕、崇拜别人，那就会在别人的光芒下失却自己。

一个小女孩因为长得又矮又瘦被老师排除在合唱团外，而且，她永远穿着一件又灰又旧又不合身的衣服。

小女孩躲在公园里伤心地流泪。她想：我为什么不能去唱歌呢？难道我真的唱得很难听？想着想着，小女孩就低声地唱了起来，她唱了一支又一支歌，直到唱累了为止。

"唱得真好！"这时，一个声音响起来，"谢谢你，小姑娘，你让我度过了一个愉快的下午。"小女孩惊呆了！

说话的是个满头白发的老人，他说完后就转身走了。

小女孩第二天再去时，那老人还坐在原来的位置上，满脸慈祥地看着她微笑。

于是小女孩唱起来，老人聚精会神地听着，一副陶醉在其中的表情。最后他大声喝彩，说："谢谢你，小姑娘，你唱得太棒了！"说完，他仍独自离去。

过了很多年，小女孩成了大女孩，长得美丽窈窕，是本地有名的歌手。但她忘不了公园里那个慈祥的老人。于是她特意回公园找老人，但那儿只有一张小小的孤独的靠椅，原来，老人早就去世了。

"他根本听不到，从他20岁起就听不到了。"一个知情人告诉她。

从这个故事中，我们可以看出，每一次鼓励都可能给人一次创造奇迹

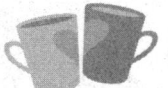

的机会，女孩正是在老人的鼓励下树立起了自信心，并且持之以恒地为梦想做不懈的努力，所谓功夫不负有心人，她终于实现了自己的梦想。其实，每一个人都需要他人的鼓励，特别是那些因自身缺陷而深感自卑的人更是如此，也许一句鼓励的话语便会让他们重拾信心，改变人生的道路。

第 3 章
有一颗平常心，你会更平和

平常心是一种心境，不仅是对待周围的环境做到"不以物喜，不以己悲"，对周围的人事更是"宠辱不惊，去留无意"，只有这样才能让我们的生活有一份平静和谐，而不是焦虑失意。

把心态放平稳，就什么烦恼都没了

平常心虽是简单的三个字，但在生活中，却是很多人都难跨越的一道坎，因为我们并不懂得何为真正的平常心，也不懂得怎样来保持自己的平常心，更不懂得怎样来利用平常心。

从生活到生产，从宏观到微观，从伟人到平民，无不需要一颗平常心。人，贵在有一颗平常心，它可以使人超脱，使人向善；使人知可为而为，不可为而不为；知其该为而为，不该为而不为。拥有平常心是一种和畅、协调、美好的境界。

平常心虽是简单的三个字，但在生活中，却是很多人都难跨越的一道坎，因为我们并不懂得何为真正的平常心，也不懂得怎样来保持自己的平常心，更不懂得怎样来利用平常心。

平常心不是要求人没有贪、嗔、痴，而是调节自己的心，去制约贪、嗔、痴，以此得到平常心。平常心主要是指两方面，一是对自己做任何事的成功和失败的概率有准确的预测，二是既积极主动，要尽力而为，又顺其自然不苛求。

人的精神生活中有很多方面的内容，它们是互相制约的，失去制约就失去了平衡，失去了平衡就容易走极端。

有人问智者："您可有与众不同之处？"

智者答："有。"

"是什么不同呢？"

智者答："我感觉饿的时候就吃饭，感觉疲倦的时候就睡觉。"

"这算什么与众不同的地方，每个人都是这样的啊！"

智者答："当然是不一样的！他们吃饭时总想别的事，不专心吃饭；睡觉时总做梦，睡不安稳。而我吃饭就是吃饭，什么也不想；睡觉也不做梦，所以睡得安稳。这就是我与众不同的地方。世人大都在利害得失中穿梭，囿于浮华宠辱，做不到一心专用，丧失了'平常心'。"

拥有一颗平常心的人往往是一个宽宏大量的人，对待别人的错误或者误解往往都是淡然一笑，不予理睬，他们并不是看轻对方，而是表现出一种无声的谅解，他们在无形中维护了自己的形象，其魅力也在这种无声的淡然一笑中散播开去。

没有平常心的人往往是一个爱慕虚荣的人，每天为了张扬自己而说各种冠冕堂皇的话，做各种各样违心的举动，久而久之就给周围人留下一种不诚实的印象，特别是在名和利的诱惑下，他们更是把持不住自己，不顾信誉做一些鸡鸣狗盗之事。而拥有平常心的人则完全相反，他们做人光明磊落，做事坦坦荡荡，不虚假也不掩饰。

有一个年轻人跟智者学道，一日他向智者问道："老师！我常常思考，早起早睡、心无杂念，自忖在您的教导下，没有一个人比我更用功了，为什么就是无法进步？"

智者拿了一个葫芦、一把粗盐，交给年轻人说道："你去将葫芦装满水，再把盐倒进去，使它立刻溶化，你就会进步了！"

年轻人依样画葫芦，遵示照办，过不多久，跑回来说道："葫芦口太小，我把盐块装进去，它不化；伸进筷子，又搅不动，我还是无法领悟奥妙。"

智者拿起葫芦倒掉了一些水，只摇几下，盐块就溶化了，智者慈祥地说道："一天到晚用功，不留一些平常心，就如同装满水的葫芦，摇不动，搅不得，如何化盐，又如何领悟进步？"

年轻人："难道不用功可以进步吗？"

智者："修行如弹琴，弦太紧会断，弦太松弹不出声音，中道平常心才是领悟奥妙的根本。"

年轻人终于领悟。

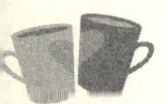

平常心是一种境界，"本来无一物，何处染尘埃"，这种超脱物外、超越自我的境界正是对平常心最好的解释。平常心不是"看破红尘"，更不是消极遁世，相反，平常心是一种积极的心态，以平常心观不平常事，则事事平常，无时不乐也无事可忧。其实真正的平常心就是享受生活中的平凡和简单，只要能把心态放平稳，不要被外界的纷繁复杂所干扰，就是拥有一颗真正的平常心。

拥有平常心，可以让我们减少忧虑。现代人的疾病不仅仅是生理上的疾病，更严重的还是心理上的疾病，而心理上的疾病大多数由忧虑所引起，或者因忧虑而加重了病情。事后我们会发现大多都是杞人忧天。

平常心，是一种不为感情所左右，不为名利所牵引，洞悉事物本质，完全实事求是的心理状态。它不是仰视，不是俯视，而是平视——平淡、平等、平凡、平静地看问题。平常心要以知识为底蕴，无知是不能拥有平常心的；平常心要以勇气为后盾，懦弱是不敢拥有平常心的。平常心不是墨守成规、牵强附会、察言观色、患得患失、人云亦云、借梯上屋，只有完全抛开了得失、荣辱的人才能做到。在平常心态下，生命便具有了最高意义，行为便有了广阔空间——这时候人们就有了高招、绝招，就能走出困境、险境。

平常心是化解人生烦恼、医治失意的一剂良药。我们以平常心去看待发生于周围的一切，以平常心对待别人和自己，会给自己的生活和工作带来许多开心和乐趣。

 平平淡淡才是真

平淡是自然的路，犹如花开花落，犹如四季更替，也如我们宁静的生活，生命因它而充满生机，因它而成为最有价值的风景。

平淡是人生最好的伙伴，平淡是人们凭借自己的理性，在生命的长河里快乐地生活。面对任何事情可以安心地去看待和思考，这是一种机智和韧性的表现，这就是我们内心的平淡，耐人寻味的平淡。每个人都想过平淡的生活，拥有平淡就会从容，就会珍惜自己的那份坦然、宁静的心境，而拥有从容，才能做到超脱和大度。

人的一生是崎岖不平的，总会遇到高山险川，那是我们施展才华，铲除障碍的时刻。但人的一生大部分时间是在平淡的生活中度过的。在这平淡中有着深情，有着实实在在的幸福。在平淡的生活中我们提高自身的修养，懂得生活并学会保鲜，懂得浇灌和品味柴米油盐的平淡日子，每天享受阳光的照射，雨水的滋润，给平淡的生活增添一份恬静和诗情画意的温馨与浪漫。

我们只有拥有平淡的真实，才能真正懂得品味人生，舒展人生。拥有自我，心存淡泊，笑对平淡，那才是今天的精神，是坦坦荡荡、自自然然的快乐，是生活中的点滴愉悦，也是生活中的原汁原味。平淡是清雅的人生，平淡是人生中的飘逸，平淡也是人生中幽远的路。平淡是自然的路，犹如花开花落，犹如四季更替，也如我们宁静的生活，生命因它而充满生机，因它而成为最有价值的风景。

平淡是一种生活的状态。大多数人在大多数的时间里都是处在这种状态下的。工人去车间里干活，农民去田地里干活，老师在课堂上教书，职员在电脑前工作，这就是生活的常态。坦诚接受平淡的现实，尽情地享受这份难得的平淡时光，将是人生一大幸事，如果能抓住这个机会，充分利用这段宝贵的时间你会为自己将来的成功创造更多的机会。

比尔·盖茨没有自己的私人司机，公务旅行不坐飞机头等舱只坐经济舱，衣着也不讲究什么名牌；更让人不可思议的是，他还对打折商品感兴趣，不愿为泊车多花几美元……为这点"小钱"，如此斤斤计较，他是不是个"吝啬鬼"呢？

比尔·盖茨确实是一个与众不同的人，单从他对待金钱的态度上就可

以看得出来。对他而言，创业是他人生的旅途，财富是他价值量化的标尺，他曾经说过："我不是在为钱而工作，钱让我感到很累。"

"我只是这笔财富的看管人，我需要找到最合适的方式来使用它。"这就是比尔·盖茨对金钱最真实的看法。

事实上，钱既不会改变他的生活，也不会使他从工作上分心。他经常告诉那些向他求经的朋友："当你有了1亿美元的时候，你就会明白钱只不过是一种符号而已。"

比尔·盖茨非常讨厌那些喜欢用钱摆阔气的人。他在杂志上发表自己的见解："如果你已经习惯了过分享受，你将不能再像普通人那样生活，而我希望过普通人的生活。"

在生活中，比尔·盖茨也从不用钱来摆阔。一次，他与一位朋友前往饭店开会，那次他们迟到了几分钟，所以没有停车位可以容纳他们的汽车。于是，他的朋友建议将车停放在饭店的贵客车位。比尔·盖茨不同意，他的朋友说："钱可以由我来付。"比尔·盖茨还是不同意，原因非常简单，贵客车位需要多付12美元，比尔·盖茨认为那是超值收费。比尔·盖茨在生活中遵循他的那句话："花钱如炒菜一样，要恰到好处。盐少了，菜就会淡而无味，盐多了，菜就会苦咸难咽。"

一次，比尔·盖茨应邀参加由世界32位顶级企业家举办的"夏日派对"，那次他穿了一身套装，这还是美琳达先前在泰国普吉岛给他买来拍照时穿的衣服，样子还不错，只是价格还不到歌星、影星一次洗衣服的钱。但比尔·盖茨不在乎这些，他很高兴地穿着这套衣服参加了这次会议，他生活的信条就是："一个人只有用好了他的每一分钱，他才能做到事业有成、生活幸福。"

平日里，如果没有什么特别重要的会议，比尔·盖茨会选择便裤、开领衫，以及他喜欢的运动鞋，但是这其中没有一件是名牌。

在与员工平时相处中，比尔·盖茨从不像是个有钱人，他常对人说，与其说他有钱，还不如说他是"软件产业的卓越开拓者与领导者"更让他感到兴奋。他不喜欢什么事都与钱挂在一起，把金钱看成万能。

一次，他在出席会议的时候，主持人给他租了一辆高级轿车，他硬是拒绝了，然后租了一辆很普通的汽车前往。在微软，比尔·盖茨已经成为员工，尤其是一些新员工的榜样，他的作风感染了许多人，所以微软员工的朴素也是很出名的。这并不是说比尔·盖茨吝啬，或是小气，他是在锻炼自己的意志力，也是在培养员工的艰苦创业精神，无疑这是一种非常可贵的精神。

很多人都知道功名利禄会给人带来幸福，殊不知功名利禄也会给人带来痛苦。当人们的眼里只有金钱、名誉和地位，忙得连认识自己的时间都没有，忙得连修身启智的时间都没有，忙得连关照自己身体的时间都没有，忙得连关爱家人的时间都没有。这样的金钱，名誉和地位要来何用？这样的人其实很可怜，他们根本不知道生活本身其实就是最大的财富，唯有生活才是真正的主体。我们不能没有财富，但不能反过来被财富所奴役。人生的意义和终极追求应该是回归平淡，追求身体的健康、家庭的幸福、内心的安宁，而不是为权力、财富、名誉、金钱和地位等身外之物劳心劳形。

失去了内心的平静，就难以感受到幸福

失去了内心的平静，人性的弱点随着日益浮躁的心态而放大，害怕寂寞和孤独，害怕坚持下去得不到结果。功利的幸福标准，患得患失的心态，浮躁的性格让我们难以感受到幸福。

在生活中，人们热情饱满，凡事跃跃欲试，自然不是什么坏事，生活本来就需要这样一种劲头。一个人如果每天生活得懒散不羁，对人对事毫无热情，那么生活往往会成为一潭死水，毫无生命气息可言。但是热情也

要讲究方式，热情用在积极的心态上，是一种动力。而人们所表现出的浮躁，则是一种对热情的错误运用。

《论语》说："欲速则不达，见小利则大事不成。"但当今社会，经济正在高速发展，物质生活水平不断提高，不少人似乎少了耐心，多了急躁；少了冷静，多了盲目；少了脚踏实地，多了急于求成……在市场经济的大背景下，很少人能按捺住自己躁动的心，守住自己可贵的平静与淡泊，而是变得越发浮躁并显出一定程度的急功近利。

浮躁的人虽然并不缺乏生活热情，但是却缺少合理分配和利用热情的能力。这类人在处世上常常缺乏理智，容易半途而废、浅尝辄止，易将热情消极化。如梁实秋所说："为迫切完成某事而心浮气躁，就容易导致言行过分，这不仅有碍于人际关系，容易语出伤人，更容易分散心智，影响做事的效率或是错过眼前的良机。"

古时候有两兄弟，他们都很有孝心，每日上山砍柴换钱为老母亲治病。

一位神仙被他们的孝心所感动，决定帮助他们。神仙告诉他们两个人说，用四月的小麦、八月的高粱、九月的稻、十月的豆、腊月的雪放在千年泥做成的大缸内密封七七四十九天，待鸡叫三遍后取出，汁水可卖上大价钱。

兄弟两人各按神仙教的办法做了一缸。待到第四十九天鸡叫两遍时，老大耐不住性子打开缸，一看里面是又臭又酸的水，便生气地洒在地上。老二则坚持到了鸡叫三遍后才揭开缸盖，发现里边是又香又醇的酒。

这就是"酒"和"洒"字的来历，只是差了那么一小横，只是早了那么一小会儿，但却造成了巨大的差距。

有些时候，我们需要在心中添把火，以燃起希望：而在有些时候，我们需要在心中洒点水，以浇灭某些急于求成的欲望……只要我们能够真正地静下心来，认真地去学习、工作，我们会做得比现在好得多。

浮躁的人常有如下表现：不论干什么工作，兴头来了马上动手，既没认真准备，又无周密计划，而且一开始就急于见成效，遇到困难时更是烦躁不安，心情格外急切；处理矛盾和问题时，易鲁莽和冲动，盲目行动，

往往事与愿违；在学习上则表现为好高骛远，急于求成，有时很想把成绩搞好，但又缺乏扎实的努力，一段时间后成绩没上去，急得不知从何处下手，特别是经过努力以后成效不大，就耐不住性子，结果成绩还是上不去，形成越上不去越急、越急越上不去的恶性循环。

其实，成功与失败，平凡与伟大，往往就在等待的一念之间。许多成功人士的重要秘诀也就在于他们将全部的精力放在一个目标之上，而且善于等待。

对许多人来讲，幸福好像是一种奢侈。生存的压力往往将人们美好的憧憬和梦想碾得支离破碎。我们似乎有很多理由放弃，并抱怨生活的不公。我们常常因羡慕他人的财富而焦虑，又在焦虑中埋怨自己的生活。失去了内心的平静，人性的弱点随着日益浮躁的心态而放大，害怕寂寞和孤独，害怕坚持下去得不到结果。功利的幸福标准，患得患失的心态，浮躁的性格让我们难以感受到幸福。

有智慧的人，不会为了小事情慌乱，面临重大问题时也能果断地作出判断，镇静地渡过难关。相反，浮躁的人往往只顾眼前，一旦面临抉择，就不知所措起来。要想改变浮躁性格，你可以从以下几个方面来做。

在实践中锻炼耐心。耐心都是锻炼出来的，缺乏耐心也就等于自动丢掉了成功的机会。在生活中多多锻炼自己的耐心，做每一件事时都要学会安下心来，不要总是想着结果如何，要把精力放在如何做好这件事上。

遇到急事先冷静。焦急的情绪并不能帮你解决任何问题，只有思考才能起到积极的作用，思考一下如何做才能最大限度地降低损失，怎么样处理才能较合理地解燃眉之急，然后马上去行动。

学会循序渐进地做事。凡事不可贪大，成功要一步一步来，做事前首先要安下心来，为自己树立起框架，然后从最熟悉的部分做起，循序渐进，逐渐完成。

多看有积极意义的电影或书籍。这既能让你放松心情，调节生活节奏，同时也能为你带来更强大的生命动力，让你拥有更多的生活热情。

浮躁这种情绪对我们生活的影响越来越大。人浮躁了，就会终日处在

又忙又烦的应急状态中，脾气会变得暴躁，神经会越绷越紧，长久下来，会被生活的急流所裹挟。这种情绪在人的内心里积存下来，久而久之，逐渐形成了某些人固有的性格，使他们在任何时候任何环境中，都不能平静下来，因而不自觉地，在盲目和冲动的情况下，作出错误的决定，给自己造成更大的精神压力。因此，想成就大事者，要心存高远，更要心平气和，脚踏实地。

 ## 留一份淡泊给自己，生命自然会月明风清

用平和淡定的心态去看待社会现实中的一切，宠辱不惊，得失不较，也许我们就会活得轻松、活得精彩、活得有滋有味。

人生苦短，岁月易老。一个人如果欲望太多，什么都想得到，又什么都不能释怀的话，那么生命该如何承受重负，人生又怎能获得快乐呢？在社会这个大舞台，每天都在上演着不同的悲喜剧。为了生存，为了责任，为了事业，为了理想，每个人都在扮演着不同的社会角色。然而更多的时候，人们为了不同的利益，受制于名缰利锁的束缚，屈从世俗，俯首权势，丧失了本真的自我，成为一个戏中的角色，在自愿或不自愿、自觉或不自觉地表演着。很多时候，人们如木偶一般，笑语喧哗，人影晃动，但却身不由己。看似热闹，实则与人生追求快乐幸福的目标背道而驰。

因此，在人生的旅途中，请追求一种淡泊，坦然面对生活对你的赐予，包括所有的磨难和不公。用平和淡定的心态去看待社会现实中的一切，宠辱不惊，得失不较，也许我们就会活得轻松、活得精彩、活得有滋有味。"万绿丛中一点红，动人春色不需多。"生活中，懂得了一个"淡"

字，人生的无限风光就尽在其中了。

在人生的舞台上，还原真我，尽量剔除演戏的成分，需要人生的智慧，更需要一种淡泊宁静的心态。与淡泊相反的是人类的欲望。要扼制住人的过度欲望，不使其成为脱缰的野马，既要靠一个人的思想修养，又要靠勇气和信心。人只要具有了淡泊之心，才不会为尘俗所迷，为物欲所困，为诱惑所动，也才会心境明净，不惹尘埃。

很多真正伟大的、有深度的人物，他们在生活上似乎都一致地谦卑、低调、不张扬，心境平和，但并没有因此而妨碍他们有超人的敏感、坚定和果断。人是一种有思想、会思考的动物，这也就决定了人会比生物界其他任何的动物都有更超常的自控能力。

诸葛亮早年结庐于襄阳城西隆中山中隐居待时，他潜心耕读，精研时势，结交名流，并自比古代卓越的政治家管仲和杰出的军事家乐毅，被誉为"卧龙"。

后来，求贤若渴的刘备三顾茅庐，请计于诸葛亮。诸葛亮精辟地分析了天下形势，提出了统一天下应走鼎足三分、联吴抗曹的道路，这就是著名的"隆中对策"。这是诸葛亮为刘备提出的一条正确的政治路线和军事路线，也是诸葛亮一生的行动纲领。从此，刘备的事业出现了转机。

公元 208 年，曹操率数十万大军南下荆州，诸葛亮以其大智大勇出使东吴，说服东吴联合抗击曹操，取得赤壁之战的胜利，为刘备取得了立足之地。诸葛亮在著名的《诫子书》中说，君子的品行，以安静努力提高自己的修养，以节俭努力培养自己的品德。不恬淡寡欲就不能显现出自己的志向，不宁静安稳就不能达到远大的目标。从此，"淡泊明志，宁静致远"成了君子修身养性的准则。

"非淡泊无以明志，非宁静无以致远，"诸葛亮果然不是等闲人物，说出了如此深刻的话语。想一想，在兵车辚辚、军旗猎猎的戎马倥偬中，在白骨蔽野、血流漂橹的征战杀伐中，尚存以宁静求致远的深思，"卧龙"果是难得。生活在现代的人们，有没有在氤氲着宁静的氛围中放飞自己的心灵？

当然，淡泊不是安贫乐道，更不是甘于平庸，不思进取。淡泊是为人处世的人生情怀，更是一种令人向往的人生境界。古人云，不以物喜，不以己悲。先贤的智慧，穿越悠久的时光隧道，至今仍然在指导着我们生活的方向，温暖着被尘埃蒙蔽的心灵。淡泊是一种人生的潇洒。面对红尘喧嚣，面对繁华诱惑，保持一种神定气闲，留一份淡泊给自己，生命自然就会月明风清，天高云淡。

淡泊人生，并非消极逃避，也非看破红尘，甘于沉沦。淡泊是一种对待生活的心态，一种修身养性的境界，一种待人接物的智慧。人生也需要激情，平淡的日子叫生存，激情的岁月才叫生活。无论是你的生存，还是你的工作、生活、情感，我们都应该去创造激情。人生需要激情，激情是动力，激情是创造力，我们要敢于捕捉生活中无处不在的激情，只有激情飞扬，人生才更精彩。

拥有平常心的人才能体会到淡泊是一种享受。淡泊不是对人间一切事物的否定，更不是思想麻木、无所作为的得过且过。学会淡泊将会使心灵净化成晶莹剔透毫无杂质的宝玉；学会淡泊才能如鱼得水，自由自在地欣赏不可多得的美妙世界；学会淡泊才能得意时不张扬，失意时不消沉；学会淡泊才能得到实实在在心安理得的内在享受。

当代大学者钱钟书，终生淡泊名利，甘于寂寞。他谢绝所有新闻媒体的采访，某栏目的记者，曾千方百计想冲破钱钟书的"防线"，最后还是不无遗憾地对观众宣告：钱钟书先生坚决不接受采访，我们只能尊重他的意见。

20 世纪 80 年代，美国著名的普林斯顿大学，特邀钱钟书去讲学，每周他只需讲 40 分钟课，一共只讲 12 次，酬金 16 万美元，食宿全包，可带夫人同往。待遇如此丰厚，可是钱钟书却拒绝了。

他的著名小说《围城》发表以后，不仅在国内引起轰动，而且在国外反响也很大。新闻和文学界有很多人想见见他，一睹他的风采，都遭到他的婉拒。有一位外国女士打电话，说她读了《围城》急切地想见他。钱钟书再三婉拒，她仍然执意要见。钱钟书幽默地对她说："如果你吃了个鸡

第3章 有一颗平常心，你会更平和

蛋觉得不错，何必要一定认识那只下蛋的母鸡呢？"

淡泊，是一种内在的深度修养。淡泊的人身居陋室而有自己的生存乐趣，在心灵的桃花源里，寻觅着他人看不到的幽静。淡泊的人让宁静的内心世界，蕴藏着风格的高尚，把红梅与松柏作为自己的良师益友，用完美来点缀自己的人生。淡泊的人理智地将七情六欲看轻，将自身的疾苦与失落看淡，在自然中永葆宁静的心情，在淡泊的熏陶中，把自己培养成一个心理上健康、人格上健全、有修养、能宽容他人的人，让自己在淡泊的田园里，畅游自己的人生。

好的生活是内心平静的生活，高层次生活最明显的标志就是宁静。如果我们想要过一种高层次的好的生活，首先要做的是保持内心的清明，使自己的内心时刻保持一份宁静。

内心宁静的人，个性中往往透出一股坚忍的力量。生活的安逸或艰辛，时代的辉煌或苦难，折射到他们平静的内心，就能褪去历史的烟云、命运的无奈，融入他们自己的理想和信念，彰显他们内心的执着与从容，幸福的花香伴随生命活力的迸发，洋溢在他们人生的大河里。

内心的宁静，本是人的本性。淡泊明志，宁静致远，饱满活泼的精神世界有助于抑制人们的物欲和浮躁。幸福只能在内心找到，自由是生命中唯一值得追求的目标。对那些我们无法控制的事情不去理睬，我们才能获得自由。如果我们的头脑充满了可悲的恐惧与野心，我们就不可能拥有一颗轻松自在的心。

保持一颗宁静的内心，我们就能清楚地了解自己的性格、爱好和处境，进而选择合适目标和道路，而不会被虚妄的念头或潮流所裹挟。理想和目标愈是远大，我们需要付出的努力愈是艰辛。没有宁静的内心和缺乏源自内心的力量，我们的梦想永远只能是梦想。

学会淡泊、宁静，修炼自己的精神品格，我们才能不断从烦躁、冲动的怪圈中把自己解脱出来，顺境的时候学会珍惜人生，逆境的时候学会坚强挺立。

在诱惑中把握住自己

"不以物喜，不以己悲"，是庄重的人生态度。丢下超重的负荷，打开心灵的窗户，抛弃失意的包围，歇息在淡泊这块没有杂质的芳草地上，我们寻找到的，是心灵上的那份宁静。

在生活的磨难中，你能取得令你欣喜的成就，相反也可能会走入人生的低谷，一蹶不振。如果能飞黄腾达、高官厚禄，你能在这种诱惑中把握住自己，泰然处之吗？用一颗平常心淡然地看待这一些，你才能在淡泊喧嚣的同时，给自己找到一份心的超然，一份宁静。

"不以物喜，不以己悲"，是庄重的人生态度。丢下超重的负荷，打开心灵的窗户，抛弃失意的包围，歇息在淡泊这块没有杂质的芳草地上，我们寻找到的，是心灵上的那份宁静。人生百态，五味俱全。或无声无息，或轰轰烈烈，或清风和煦，或暴雨瓢泼……不论是激昂的人生，还是散淡的人世，无论是失败者的东山难再起，还是成功者的硕果仅存，我们最需要在意的，是在轰轰烈烈中保持一份平常的心境，在平平淡淡中享受淡泊的快乐，不倾慕声威，不沮丧卑微。成败兴衰且不论，退一步海阔天空，一切都会变得坦然。

"不以物喜，不以己悲"，是一种宽宏的气度。这种气度不是小肚鸡肠，而是宽厚、仁慈的大度。能做到不争名利，不争宠于阿谀奉承之中，不心存忌妒，让平静的心中有一股自然的浩然之气，我们就能在生活的平淡中，淡然地看待一切，让自己的超然与洒脱、从容与镇定来为自己找一个淡泊的心境，让自己在平衡的心态里，品味出宽阔心中的内敛韵味。

战国时期，在长城外住了一位老翁。有一天，老翁家里养的一匹马无缘无故走失了。在塞外，马是驮运货物的主要工具，所以，邻居都来安慰他，这位老翁却很不在乎地说："这未必不是福气！"过了几个月，走失的那匹马居然带了另一匹马回家，这真是赚了，邻居都来庆贺。这位老翁却说："这未必不是祸事！"几个月后，老翁的儿子骑这匹马摔断了大腿骨，邻居们佩服老翁的料事如神之余也赶来慰问，而这位老翁却毫不在意地说："这倒未必不是福气！"事隔半年，敌人入侵，壮丁统统被征调当兵，战死沙场者十之八九，而老翁的儿子却因为摔断了一条腿免役而保住一条命。塞上老翁这种透过长远时空、利弊并重的思考问题的方式所反映的，便是"不以物喜，不以己悲"的平常心，他也成为中国传统文化中睿智的典型。

"不以物喜，不以己悲"，潜藏着一种向上的力量和敏锐的智慧——成功者不矜夸，智慧者不浮躁，求索者不患得患失。"不以物喜，不以己悲"，并不是给自己的碌碌无为找借口，也不是抛弃自我的理由，更不是万念俱灰的沮丧，而是一种自我的回归，是一种人生的体验，是一种平衡心态的洒脱。

"不以物喜，不以己悲"说起来很动听，也很诱人，但做起来绝非这么简单。保持一份平常心，遇事沉着冷静，对待成功和失败一笑置之，只有这样你才能真正领略平淡之义，你的心里才能永远拥有阳光。

南方楚国有一个人叫支离疏，他的脖子像丝瓜，脑袋形似葫芦，头垂到肚子上而双肩高耸超过头顶，颈后的发髻蓬蓬松松似雀巢，背驼得两肋几乎同大腿并列，好一个支支离离、疏疏散散的"美人胚子"！支离疏却暗自庆幸，感谢上苍独钟于他。平日里，支离疏乐天知命，舒心顺意，日高尚卧，无拘无束，替人缝衣洗服、簸米筛糠，足以糊口度日。

当楚王准备打仗，在国内强行征兵时，青壮汉子如惊弓之鸟，四散逃入山中。而支离疏呢，偏偏耸肩晃脑去看热闹，他这副尊容谁要呢，所以他才那样大胆放肆。当楚王大兴土木，准备建造王宫而摊派差役时，庶民百姓不堪骚扰，而支离疏却因形体不全而免去了劳役。每逢寒冬腊月官府开仓赈贫时，支离疏欣然前去领到三盅小米和十捆粗柴，仍然不愁吃不愁穿。

一个在形体上支支离离、疏疏散散的人，尚能乐天知命，以淡然的心性，安享天年。那么，人们把这支支离离、疏疏散散从而遗形忘智、大智若愚的精髓运用到立身处世的方法中去，就可以逢凶化吉、远离灾难。月盈则亏，水满则溢，这是世之常理。否极泰来，荣辱自古周而复始。因此，大可不必盛喜衰悲，得喜失悲。

生活不是简单地为生而活，还有着更广阔的内容，即使生活再忙碌，我们也要留点宁静的时间给自己，梳理一下自己的思绪，放缓生活的脚步，享受片刻诗意般的生活。生活的空间，须借清理删减而整洁；心灵的空间，则经思考感悟而扩展。重要的不是发生了什么事，而是我们处理它们的方法和态度。假如我们转身面向阳光，就不可能陷身在阴影里。

不为物所役，不为役所累。如果我们在东奔西跑、手忙脚乱之中，忘记了对生活本质的思考，甚至忘记了生活本身，烦闷、苦恼、失望、焦躁、忌妒、愤怒等不良情绪便不请自到，如影随形。如果我们总是用功名利禄的鞭子驱使着自己一路狂奔，无暇顾及四季的变化，不给自己喘息的机会，那么我们就可能背离生命的真谛，也很难实现真正的成功。

人，平平淡淡而来，也应平平淡淡生活。人生如一条淙淙流淌的长河，既有重峦叠嶂时一泻千里的壮丽，也有走过一马平川时迂回柔情的安详。拥有一颗平常心是正常生活的人的平常之举，拥有一颗平常心人们才能学会满足，才能理解别人，善待自己，享受生活。

人生需要云淡风轻，因为平平淡淡才是真。生活中不如意的事十之八九，令我们无法预料无从强求，但顺境中宠辱不惊、怡然自得，逆境里不悲不愁、不弃不馁，笑看云卷云舒，静观花开花落，才解世间浮沉，更见人生真谛。淡看人生荣辱得失，恬淡寡欲，去留无痕，真正的永恒只有心胸的豁达，这才是淡泊人生的最高境界。

不为不可为，不求不可求

美好的东西实在数不胜数，我们总是希望得到尽可能多的东西，其实欲望太多，反而会成为负担，凡事淡泊明志，宁静致远，人才活着不累。

茫茫人海，芸芸众生其实都在追逐着各自的"食物"，有人为吃不到的"食物"而黯然神伤，有人为吃到了"食物"而欢呼雀跃，有人为吃到更多的、更好的"食物"而绞尽脑汁。"廉者常乐无求，贪者常忧不足。"人一旦有了贪的欲望，便只剩下了算计和奔忙。

老子说："罪莫大于可欲，祸莫大于不知足，咎莫大于欲得。"所以道家强调"无为而无不为"。然而，大千世界中的芸芸众生并不因此而变得无欲无求。王国维说道："生活之本质何？欲而已矣。"真切地道出了生活与欲望的关系，也说明了人与欲望的不可割裂性。

生命在拥有与失去之间不经意地溜走了，而人们却还在一味地盲目追求所谓的"物质幸福"而浑然不知，不管是金钱、地位还是房子，无论朝着这个目标前进的步伐有多快，也会觉得很慢，会因此烦恼，也容易为此受伤。其实，很多东西是可遇不可求的，不必为此苦苦追求，耗费一生中不必要的精力，有很多东西是我们所拥有的，却不懂得珍惜。

欲望无边，人心有度，一切随缘才是王道。人都是有欲望的，这是不必非议的，但欲望与能力要有一个平衡点。当欲望和能力之间发生严重不协调时，我们要做的，或者抵制欲望的膨胀，或者增加自己的能力。美好的东西实在数不胜数，我们总是希望得到尽可能多的东西，其实欲望太多，反而会成为负担，凡事淡泊明志，宁静致远，人才活着不累。

心理学家彻斯认为"顺其自然"的生命行为至关重要。生命中许多活动的流程就是生命本身的满足，没有必要加快脚步做好每一件事，更没有必要为寻找快乐而到达终点，顺其自然就可以，生命中的快乐就是乐天安命，一切自然地水到渠成。

随缘之道，教我们要有一颗平常心，不为不可为，也不求不可求。多病的人渴望健康，没钱的人渴望发财，单身的人渴望爱情。欲望有高有低。乞丐只渴望一餐泡饭，千万富翁还想成亿万富翁。欲望的尽头就是贪婪。"欲壑难填，做了皇帝想成仙。"人的贪婪是非常可怕的。老虎吃饱了，对身边吃草的小鹿都视而不见，可是有的人却对自己存款后边的零永远有冲动。

西汉刘安说："患生于多欲，害生于不备。"人对于欲望要把握一个度。一个人随缘就要合理控制自己的欲望，管理自己的欲望增长速度和发展的方向。适当的欲望是人行动的原始动力，让人上进。但过多的欲望则让人沉沦，深陷其中，正所谓过之则为恶，少之则为善。

某大公司准备以高薪雇用一名小车司机，经过层层筛选和考试之后，只剩下三名技术最优良的竞争者。

主考者问他们："悬崖边有块金子，你们开着车去拿，觉得能距离悬崖多近而又不至于掉落呢？"

"两米。"第一位说。

"半米。"第二位很有把握地说。

"我会尽量远离悬崖，愈远愈好。"第三位说。

结果这家公司录取了第三位。

告别贪婪，要倍加珍惜已经拥有的东西。列夫·托尔斯泰说："热爱你所拥有的。"陌生人给你的一点点关怀，你都会感动不已。而你的亲人怎么宠爱你，你都可能视而不见。越容易到手的东西，越容易被忽视；越得不到手的东西，常常会更加渴望。

人的一生，时光和精力都是有限的；想要让有限的时光、精力造就人生巨大的成功，就必须专注于对成功价值最大的事情去做。人们要选准自己的目标，实实在在地去做，不要被别人的成功搞得三心二意，争一时之

长短，计一时之得失，按照自己既定的目标，适度地进取。这就是有所为、有所不为才大有所为，既不为不可为，也不求不可求的道理。

不比较、不计较，就会有快乐

人与人是不同的，他人是他人，自己是自己。当我们拼命地往自己身上加上不需要的东西时，就是在给自己制造痛苦。

在现实生活中，人们都习惯于和他人进行对比，与邻居比，与朋友比，与亲戚比，甚至与兄弟姐妹爱人比；人们也习惯于比房子、比车子、比面子，等等。有比较，就会有不平衡，不平衡然后会生气，"人比人气死人"就是这种心理的真实写照。人们比较出了不同，计较其中的优劣、得失，然后让自己痛苦不已。

快乐是什么？是对自己所拥有的感到高兴。当我们觉得自己缺少某种东西并极力想要得到时，快乐就开始从身边溜走。跟他人比较，计较得失，往往会让人陷入到痛苦之中，而不是快乐之中。

快乐很大程度上来自于对自己的肯定和满足。当一个人不顾一切地跟别人比较时，就会否定自己，问为什么他有而我没有，进而从否定自己到效仿他人，然后焦虑不安。其实，人与人是不同的，他人是他人，自己是自己。当我们拼命地往自己身上加上不需要的东西时，就是在给自己制造痛苦。

快乐也来自于不计较，这种不计较不是盲目地否定，而是说要理性地看待自己的欲望。人活着都会有许多欲望，欲望过多，渐渐地就会欲求不满，到最后就会演变成为了满足自己的欲望而去施展各种计谋和手段。因为有过多不必要的欲望，所以我们会去计较，物质上、精神上、人际交往上便难以避免地产生各种问题。

凡事不与人比较，人们便不会有过多的欲望，也不会因为欲求不满而拼命索取。谦虚，知足往往能让人更快乐。每个人都有他的过人之处，如果我们不懂得正确地看待自己，只是一味地觉得别人比自己优秀、厉害，这样就永远都不会成功，永远都不会满足，也永远都不会快乐。一山总比一山高，比较从来比不出满足和快乐。

快乐从哪里来？从人们自己的知足和富足中来。一个人如果沉迷于往日的辉煌，而不喜欢当下的平淡，只会感到失落；如果贪恋他人的成功，而不品尝自己的成绩，只会感到痛苦。人们不去跟人比较，是为了走好自己的路，不去跟人计较，能让自己有更好的心态。带着一份好心态走路，快乐便时刻伴随。

对自己满足、知足，需要我们做好自己的角色，而不是要在和别人的比较、对自己的计较中确认自己的位置。有这样一个寓言故事：

一天，森林主人被几只动物吵醒。它们说，自己不快乐，希望森林主人能让它们变得快乐些。森林主人想了想便说，你们先做些选择吧，然后，我会根据你们的答案让你们更快乐些。森林主人给动物们设置了一份问卷，让它们填写。

原来，每一个动物都不喜欢自己，而是喜欢成为别人。在它们看来，那样才是快乐的、幸福的。

猫说，假如让我再活一次，我要做一只老鼠。我偷吃主人一条鱼，会被主人打个半死；而老鼠呢，可以在厨房里翻箱倒柜，大吃大喝，人们对它也无可奈何。

老鼠却认为，假如让我再活一次，我要做一只猫，从生到死由主人供养，很自在。

平时里懒惰的猪说，假如自己要再活一次，就要当一头牛，生活虽然苦点，但名声好；它实在不喜欢自己的坏名声。

牛却说，假如让我再活一次，我愿做一头猪。我吃的是草，挤的是奶，干的是力气活，有谁给我评过功、发过奖？做猪多快活，吃罢睡，睡

罢吃，肥头大耳，生活赛过神仙。

平日里高翔的鹰觉得，假如自己能再活一次，一定要做一只鸡，渴有水，饿有米，住有窝，还受主人保护；而现在的自己，一年四季漂泊在外，风吹雨淋，还要时刻提防明枪暗箭，活得太累。

鸡却羡慕起了鹰来，说假如让我再活一次，我愿做一只鹰，可以翱翔天空，任意捕兔捉鸡；而我们除生蛋、司晨外，每天还胆战心惊，怕被捉被宰，惶惶不可终日。

森林主人看完，气不打一处来，说："你们这些家伙只知道盲目比较，而不知足，难怪你们不快乐呢。"

比较、计较的结果无非是比别人强，或者比别人差。有时，人们在比较时，拿自己的缺点跟别人的优点比，忽略了自己的优点。这样的比较就没有什么意义。其实，人们最该比的人是自己，学会自己跟自己比较。如果我们的人生是为了追求更高的层次，那么这个追求没有界限，与自己比较却可以在这个没有界限的领域里画出一条清晰的路线，让我们找准方向，不断前进，所以与自己比较，才是透视和提升自己的王道。

第4章
有一颗坦然心，你会更淡定

"幸福不是你拥有的比别人多，而是你计较的比别人少。"很多时候许多烦恼都是我们自己找的，如果能少计较一点、多珍惜一点，我们也许就会拥有得更多。

在逆境中磨炼你的意志，不计较一时的成败得失。"风物长宜放眼量"，我们应去追寻更长久的精神生活。不计较的人生，是智慧的人生。

 ## 别在意一时的输赢

一个人如果能够坦然地面对别人比自己强，才能清醒认识自己与别人的差距，才能摆脱心灵的苦痛，才能让自己做得更好。

"有时你认为自己输了，其实你赢了……"这是一部电影里极为经典的一句台词。人生就是这样，总在输赢之间徘徊。人们都希望赢，但不同的人看法自然不一致，"横看成岭侧成峰，远近高低各不同"。其实输和赢，有时候只是角度不同而已，你这次服输其实是下次胜利的开始。

在漫长的人生旅程中，每个人都要经历各种各样的挫折，遇到各种各样的难题，有些问题我们可以解决，有些问题是我们解决不了的。要承认自己的优势和弱点，并依据自身的条件正确选择，适时放弃，走好人生每一步棋，才能把握好自己的命运。

在我们内心深处，其实我们都对自己太过苛责，因为总有人会比我们强。即使是那些看起来最有自信的人，其内心也会存在对自己的批评，这种内心的批评就是引发我们痛苦，让我们对自己的表现永远也不会满足，不敢承认自己不足的原因。

孔子曰："三人行，必有我师焉。"人毕竟各有所长，每个人都可能在某些方面不如别人。"择其善者而从之，其不善者而改之。"这样坦诚自我，对人生成功有所帮助之事，不可不为。敢于认识自己的不足，以人为师，又有何妨？

其实，一个人如果能够坦然地面对别人比自己强，才能清醒认识自己与别人的差距，才能摆脱心灵的苦痛，才能让自己做得更好。敢于承认自己的不足是自信的另一种表现方式。我们认识了自己的短处，合理地扬长

避短，人生才会完美。真正看清这一点，最后你才能胜过别人。

曾长期担任菲律宾外长的罗慕洛穿上鞋时身高只有 1.63 米。在他的一生中，他的许多成就却与他的矮有关，以致他说出这样的话："但愿我生生世世都做矮子。"

1935 年，大多数的美国人尚不知道罗慕洛为何许人也。那时，他应邀到圣母大学接受荣誉学位，并且发表演讲。那天，罗斯福总统也是演讲人，事后，他笑吟吟地怪罗慕洛"抢了美国总统的风头"。更值得回味的是，1945 年，联合国创立会议在旧金山举行。罗慕洛以菲律宾代表团团长身份，应邀发表演说。等大家静下来时，罗慕洛庄严地说出一句："我们就把这个会场当作最后的战场吧。"这时，全场寂然，接着爆发出一阵掌声。最后，他以"维护尊严、言辞和思想比枪炮更有力量……唯一牢不可破的防线是互助互谅的防线"结束演讲时，全场响起了暴风雨般的掌声。

由这件事，罗慕洛认为矮个子比高个子有着天赋的优势。矮个子起初总被人忽视，后来，有了表现，别人就觉得出乎意料，不由得佩服起来，在人们的心目中，他们的成就就格外出色。

人有各种潜能和优势，但你不可能在所有的方面都发挥出来，你只能在一两个领域把你的潜能和优势尽情地发挥出来，在你无暇顾及的方面，你必然不如那些方面的专家。每个人的时间和精力都是有限的，与其花太多的心血在自己不擅长的领域，倒不如适时放弃，重新选择适合自己的工作和生活。

有一只山羊，它早上起来想出去吃点东西。它本来想去菜园里吃点白菜，这时早晨初升的太阳把它的影子投射得很长，山羊一看，天啊，我原来如此高大，我还吃什么白菜啊？我改去山上吃树叶得了。它转身往山上跑，等跑到山上的大树旁边，天都到中午了，太阳照在头顶上，这时山羊的影子就特别小。山羊一看，觉得一定是太阳错了，自己早上还是挺高大的，于是它坚持吃树叶，可是无论它怎样跳跃，都够不着一片树叶。一阵风吹来，几片树叶飘落下来，山羊赶快嚼在嘴里，看见其他动物就说："我吃到树叶了，看，我很高大吧？"

现代社会竞争这样激烈，时间意味着一切，没有人会等着你闭关修炼，也没有人会给你机会让你慢慢成长。拿来就能用，成为这个社会的择才标准。如何看清楚自己，准确地把握自己的优缺点，从而找出最佳的生活路径，已经成为人们成功与失败的关键。如果你曾经无意中选择了错误的路径，那么请尽快放弃，重新寻找出路。

有得必有失，月有圆缺，人无完人。敢于承认自己的不足，并且用一种平和的心态去欣赏别人，这是一种品格修养上的境界。我们必须敢于承认自己的不足，把不足看成完善自我的一个起点，一把通向成功的钥匙，要有一个好的心态，尽力做好自己力所能及的事，这才是最明智的。

输了，并不意味着你比别人差；输了，也不意味着你永远不会成功；输了，更不意味着你到了人生的终点。聪明的人告诉你，失败的终点往往是成功的起点。只要你敢于正视失败，敢于拼搏，你一定会采摘到代表成功的鲜花。

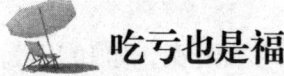 **吃亏也是福**

天地轮回，平衡是一个永恒的主题。无论哪一个人，无论哪一件事，没有永远的受益，也没有永远的吃亏。

一般的人不吃亏，聪明的人善于吃亏，乐观的人乐于吃亏。学会吃亏，善于吃亏，乐于吃亏，这并不说明一个人无能、无用、无知，很大程度上吃亏是一种福气，是一个人思想的最高境界。

所以做人要能吃亏，过于计较，得失心太重，反而会丢掉应有的幸福。表面上看是让步的一方吃亏，其实何尝不是获取共识与下一轮利益合作的开始？

有人说：现在的人们都特聪明，个个都精得流油，谁会愿意吃亏呢？哪个还视吃亏为福气呢？但人是群居动物，既是群居，就有交往、交际、交流，而只要"交"起来，就可能有的人"吃亏"，有的人"占便宜"。社会是需要人们交往才能发展的，在交往的过程中，可能没有哪个人不曾吃过亏，有的吃亏是自愿的，有的吃亏是乐意的，有的吃亏是被迫的，有的吃亏是不甘心的……在两个人以上的交往中要想不吃亏，完全达到"平等"交往是不可能的。

但无论你愿意或不愿意，你都必须吃亏。在这件事情上你占了便宜，在干那件事情时，你可能又吃亏了；有些事情你可能自己认为受益了，其实在众人眼里你是吃亏的；有些事情你可能觉得自己吃亏了，但众人认为你是占了大便宜；与甲交往你可能吃亏了，但在与乙的交往中，你可能又占了便宜。所以说，吃亏和占便宜，本身并没有严格的评定标准。什么是占便宜？什么是吃亏？因人、因事、因环境、因社会等因素去评判，也是仁者见仁、智者见智的。得到就是占了便宜吗，不尽然。

一天早晨，父亲做了两碗荷包蛋面条，一碗上边有蛋，一碗上边无蛋。端上桌，父亲问儿子："吃哪一碗？"

"有蛋的那一碗！"儿子指着卧蛋的那碗。

"让爸爸吃那碗有蛋的吧。"父亲说，"孔融4岁能让梨，你10岁啦，该懂得谦让吧？"

"孔融是孔融，我是我——不让。""真不让？""真不让。"儿子一口就把蛋给咬了一半。

"不后悔？""不后悔。"儿子说罢又是一口，把蛋整个吞了下去。待儿子吃完，父亲开始吃。没想到父亲的碗底藏了两个荷包蛋，儿子傻眼了。

父亲指着碗里的荷包蛋告诫儿子说："记住，想占便宜的人，往往占不到便宜。"第二天，父亲又做了两碗荷包蛋面条，一碗蛋卧上边，一碗上边无蛋。端上桌，父亲问儿子："吃哪一碗？"

"孔融让梨，我让蛋。"儿子狡猾地端起了无蛋的那碗。"不后悔？"

"不后悔。"儿子说得坚决。可儿子吃到底，也不见一个蛋，倒是父亲的碗里上卧一个，下藏一个，儿子又傻眼了。

父亲指着蛋教训儿子说："记住，想要小聪明的人，可能要吃亏。"

第三天，父亲又做了两碗荷包蛋面条，还是一碗蛋卧上边，一碗上边无蛋。父亲又问儿子："吃哪一碗？"

"孔融让梨，儿子让面——爸爸您是大人，您先吃。"儿子诚恳地说。"那就不客气啦。"父亲端过上边卧蛋的那碗，儿子发现自己碗里面也藏着一个荷包蛋。

其实，越是不肯吃亏的人，越是可能吃亏，不但吃亏，而且往往还会多吃亏，吃大亏。唯有不计较吃亏的人，才会真正有福。自古就有"吃亏是福"、"吃一堑长一智"的说法，但对于其中的道理似乎有很多人还没有真正理解，或者只是表面上一知半解，而实际行动起来却大打折扣。

吃亏，虽然意味着舍弃与牺牲，但也不失为一种胸怀、一种品质、一种风度。贪心的人，总是费尽心思去算计别人，在其热情、仗义与关切的伪装背后，更多的是肆无忌惮地对别人的索取与伤害。不怕吃亏的人，才会在一种平和自由的心境中感受到人生的幸福。

世界上没有白占的便宜，爱占便宜者迟早要付出代价。有的人见好处就捞，遇便宜就占，即便是蝇头小利，见之亦心跳眼红手痒，志在必得。这种人每占一分便宜，便失一分人格；每捞一分好处，便掉一分尊严。天底下也不会有白吃的亏。从某种意义上说，乐于吃亏是一种境界，是一种自律和大度，是一种人格上的升华。在物质利益上宽宏大量，在人际交往中尊重他人，抬举他人。如此这般，以吃亏为荣为乐的人，势必赢得人们的尊重和抬举。

郑板桥写过两条著名的字幅，就是流传至今的"难得糊涂"和"吃亏是福"。这两条字幅含有深刻的哲理。郑板桥正是凭着这种达观大度、"稀里糊涂"的心态，为人称道的。不以物喜不以己悲，这就是郑板桥的养生之法。

郑板桥一生为人处世，始终不求名利，不计得失。即使是面对坎坷、

困境，郑板桥也始终能以乐观的心态对待。他做官时，因为在灾荒之年为灾民请求赈济触犯了皇上，结果被罢官。但是他并没有忧郁沮丧，也不为官场失意而郁闷不乐，而是骑着毛驴悠然回到故乡，从此专注于诗、书、画，安然幸福地过着晚年生活。

这样看来，郑板桥是一个不计较吃亏的糊涂人。其实，不计较吃亏，得来的往往是福。

"吃亏"是让利的表面，"是福"是让利的实质。

东汉时期，有个叫甄宇的人在朝为官，时任太学博士。甄宇为人忠厚，遇事谦让，人缘不错。有一年年终祭祀，皇上赐给群臣每人一只活羊。

因为这批羊有大有小，肥瘦不均，难以分发。大臣们纷纷献策：有人主张把羊通通杀掉，肥瘦搭配，人均一份；有人主张抓阄分羊，孬好全凭运气……

这时，甄宇说道，分只羊有这么费劲吗？我看大伙儿随便牵只羊走算了。

说完，他率先牵了一只最瘦小的羊回家过年。众大臣纷纷效仿，羊很快被分发完毕，众人皆大欢喜。

此事传到光武帝耳中，给了甄宇一个"瘦羊博士"的美称。

中国有句古话："贪小便宜吃大亏。"这是对爱占蝇头小利的人的警告。这个"瘦羊博士"的故事则告诉我们"吃亏是福"这样一种道理。甄宇吃了一个瘦羊的亏，得来的是一份好人缘，还有美誉，这样的亏，还是值得的。

"吃亏是福"是一种正视利益分割，以积极、宽容、乐观的精神对待生活的观点。如果你在与别人相处的时候，能以宽容的态度待人，不斤斤计较的话，可以省掉很多麻烦。"吃亏是福"，如果你能把这种思想用在事业上，当遇到挫折和遭受失败时，就会以乐观的态度来对待挫折和失败，总结经验，就会有更多成功的机会。

"吃亏是福"是一种境界。在人生的历程中，吃亏和受益是互为存在、互为因果的。天地轮回，平衡是一个永恒的主题。无论哪一个人，无论哪一件事，没有永远的受益，也没有永远的吃亏。有些事情当时可能是吃亏了，但事后仍有可能出现一个受益的结果；一个人不能事事只想着受益，有些事情当时即使真的受益了，最终导致的结果往往是吃亏。

宁拙毋巧，少施心机少烦累

宁拙毋巧，这个"拙"，不是笨拙的拙，而是指老老实实，踏踏实实，一步一个脚印，用汗水去换成果，走正途去求成功；这个"巧"，也不是巧夺天工的巧，而是投机取巧、歪门邪道、弄虚作假、偷工减料。

现代生活越来越快的节奏与越来越大的压力，让越来越多的人想快速发财，及早成功。为了成功，一些人贪图一时之快，投机取巧，甚至铤而走险……然而无数的事实告诉我们，躲藏在一时之快后面的往往是更大的危险和痛苦。

《老子》中说："大智若愚，大巧若拙，大音希声，大象无形。"老子认为真正的"巧"不在于违背事物发展规律去卖弄自己的聪明，而在于处处顺应事物的发展规律，在这种顺应中，使自己的目的自然而然地得到实现。而那些投机取巧的行为，从根本上来说，就是违背了事物的发展规律，急功近利，不择手段，结果往往弄巧成拙，事与愿违。而那些宁拙毋巧的人，大巧若拙的人，看起来不显山不露水，扎扎实实干事，老老实实做人，反倒不声不响地把事业推向了高峰。

2009 年初秋，87 岁高龄的诺贝尔物理学奖得主杨振宁在重庆八中做了一场精彩演讲。演讲结束之后，杨振宁应邀为中学生题词，他提笔在纸上写下 4 个大字：宁拙毋巧。杨振宁说："我今天之所以写这几个字，就是希望从你们年轻一代开始，学会诚实。投机取巧是没有前途的，做学问必须诚实，脚踏实地，才会成功。"

宁拙毋巧，这个"拙"，不是笨拙的拙，而是指老老实实，踏踏实实，一步一个脚印，用汗水去换成果，走正途去求成功；这个"巧"，也不是巧夺天工的巧，而是投机取巧、歪门邪道、弄虚作假、偷工减料。平心而论，那些投机取巧者，也确有侥幸取得成功的，确实比一般人投入少产出多，但靠投机取巧出大成就、干大事业的，古今中外从未有过，诚如鲁迅先生所言："捣鬼有术，也有效，然而有限，所以以此成大事者，古来无有。"即使聪明过人的杨振宁，当初也是靠笨功夫成功的，连续几个星期、每天十几个小时泡在实验室里对他来说是家常便饭。正是年复一年地努力，夜以继日地苦干，才使他最终脱颖而出，与李政道一起，获得了诺贝尔物理学奖的殊荣。因而，"宁拙毋巧"，既是他的成功之道，也是他的经验之谈。

搞学术如此，做其他工作也是如此。譬如商品生产、销售，那些几十年不倒的国际知名品牌，虽然也巧做广告，宣传自己，但更是靠质量、信誉取胜，靠良好的售后服务取胜，其主要精力还是放在了这些必不可少的"笨"功夫上。而靠虚假广告骗人，靠假冒伪劣产品欺世的商家，固然也能一时赚得暴利，但早晚会露馅，早晚会垮台，这种事例也俯拾即是，他们就输在一个投机取巧的"巧"字上了。

投机取巧会使人堕落，无所事事会令人退化，只有勤奋踏实地工作才是最高尚的，才能给人带来真正的幸福和乐趣。生活中的各种实例生动地证明了这样一个道理：无论事情是大还是小，如果你试图投机取巧，也许在表面上你节省了一些精力和时间，但是从长远本质上讲，你损失得更多，你将花费更多的时间和精力以及财力来"弥补亏空"。一面贪图享乐，一面又想修道成佛，自以为可以左右逢源的人，终将会享乐与修道两头落空。

俗语云"搬起石头砸自己的脚"，正好是"聪明反被聪明误"的绝妙写照。知其可为而为之，是聪明的；知其不可为而为之，则是愚蠢的。俗话说"是金子总会发光"，如果你是真正的聪明，就不要总是在别人面前随便地"卖弄"。那样，不但会使你的聪明变得"廉价"，有时还会给你惹来不必要的麻烦。

其实，我们每个人都随身带着一个法宝，它的一面写着"太好了"，另一面写着"太糟了"。它会产生两种截然不同的力量：它能让你获得财富，拥有幸福，享受快乐；也能让这些东西远离你，让你整天和烦恼纠缠不清，让你一生都不快乐。所以，不要聪明反被聪明误，要牢记少施心机少烦累。

给别人留余地就是给自己留退路

世界上的人情事物皆是复杂多变的，我们的思想往往滞后，为了未来的发展空间，我们做人做事都要留有余地，不要把事做绝。

《菜根谭》里说："滋味浓时，减三分让人食；路径窄处，留一步与人行。"与人方便，于己方便，这是古人千百年来总结出来的处世秘诀。

给别人留余地，实质上也是给自己留余地。如果凡事做绝，断尽别人的路，自己的生活也充满危险。不让别人为难，让别人活得轻松，让自己活得自在，这就是留三分余地的妙处。

现代社会是一个充满风险、充满竞争的社会，各种变数阴晴不定，以前三十年河东，三十年河西，现在已换成三年河东，三年河西了，我们的生活、职业、思维方式都发生了很大的变化，要想在这样的生存环境里有所发展，就要学会深谋远虑，防患于未然，凡事且留三分余地，才是正确合理的做法。

在日常生活中，凡事且留三分余地也是非常有哲理的。我们时时都会面对如何要求别人以及怎么对待自己的问题。大部分人常常会犯"宽以待

己、严于律人"的毛病，对别人"求全责备"，斤斤计较，把话说得太绝对，岂不知这样恰恰犯了"自以为是"的毛病，让人深恶痛绝。

很多人做事很决绝，"斩草除根"，不但不给自己留退路，还要把对方逼得无路可走。把路堵得死死的，不留一分余地，这其实是一种短视的、缺乏生活智慧的人生态度。我们的生活充满了变数，"月盈则亏，水满则溢"，就是说一件事情发展到了一定程度就会走向反面，物极必反。所以我们要凡事且留三分余地，这不但是一种美德，也是为自己留一条退路，更是一种长远的智慧。

风水轮流转，凡事且留三分余地，生活才能游刃有余。做事给人留有余地，并不是说明你的能力不够强，而是说明你充分具有了深谋远虑的智慧，自己吃肉的时候，别忘了给别人留口汤喝。

算盘的上档有一个空位，下档有两个空位，这样，算盘珠子才可以上下活动，噼啪作响，算盘才有用处。如果把算盘的空位都填满，这个算盘就成了废物。凡是有经验的木工，干活时都懂得"留一道缝隙"的道理；如若不然，等天气潮了，门窗就会关不死，木地板就会鼓包。

可见留有余地是多么的重要，留有余地就是给了我们一个可以伸缩的空间、可以改正的空间，让我们不会因为一时的失误而遗憾懊悔。

一个著名的雕塑家正在雕刻佛像，很多人前来围观，想知道这个著名雕塑家是如何进行创作的。一开始，围观的人都觉得这个雕塑家真的是名不虚传，但是，后来人们发现他雕刻的佛像几乎都是大鼻子小眼睛，这让围观的人们十分不解，于是就问这个雕塑家："你为什么把佛像都雕成大鼻子小眼睛呢？"雕塑家回答说："鼻子大了可以改小，眼睛小了可以改大，但是想把大眼睛改小，把小鼻子改大，就会非常困难，几乎是不可能做到。"

你此时认为正确的东西，可能很快就会发现不妥，如果你没有留下修改弥补的空间和余地，那你就会得到一个失败的作品，一个失败的结局。相信很多人对此都深有体会。

李嘉诚有言："做事要留有余地，不要把事情做绝。有钱大家赚，有

利大家分享，只有这样才有人愿意与你合作。"

　　杰斐逊是美国一位著名的企业家，有一次他被邀请去给众人作演讲。大家对他的成功非常羡慕，当时就有一个人问他："杰斐逊先生，你能告诉我们你成功的秘诀是什么吗？"杰斐逊没有说话，而是拿起粉笔在黑板上画了一个没有封闭的圆。这引起了听众的一阵猜测，有人说意味着努力，有人说意味着圆滑等，总之很多说法，但是杰斐逊最后解释说："这个不完整的圆，是说无论做什么事都要留有余地，不要把每一件事都做得太圆满。就像画这个圆，一定要留有缺口，让下属去填满它。这就是我成功的秘诀。"

　　世界上的人情事物皆是复杂多变的，我们的思想往往滞后，为了未来的发展空间，我们做人做事都要留有余地，不要把事做绝，凡事且留三分余地，任何一个把事做绝了的人，都要为此而付出代价的。

生活中，简简单单才是真

　　多一分舒畅，少一分焦虑；多一分真实，少一分虚假；多一分快乐，少一分悲苦——这就是简单生活所追求的终极目标。

　　生活其实可以很简单。人生不怕平淡的日子，只怕生活的感觉不真实。生活不怕困难的日子，只怕没有真情存在。拥有简单思想的人过着简单的生活就是一种幸福。然而人的思想一旦变得复杂起来，就不会满足于现实的生活，总是追求更高更好的生活层次，在情感上也想拥有得更多，这时生活的烦恼也会随之而来。

　　有一条小狗不停地绕着自己的尾巴转圈，直到精疲力竭地躺在地上喘气。

　　这时，一条大狗走过，询问它发生了什么事。小狗说："有朋友告诉我说，假如我可以追到自己的尾巴，我便能永远地得到幸福和快乐，所以我才追逐自己的尾巴直到精疲力竭。"

　　大狗叹了一口气说："在我年轻的时候，也听别人说过同样的话，我也跟你现在一样弄得精疲力竭。当我追逐幸福和快乐的时候，它永远不在我前面，反而当我不刻意追逐，一切顺其自然之时，才发觉幸福和快乐正在后面日夜地跟随着我！"

　　幸福和快乐本来就是我们生活的一部分，只是看我们是否懂得欣赏而已。许多人每天都在追逐名利以及物质享受，但是仍然得不到幸福和快乐。幸福与快乐是不会通过刻意追求就可以得到的，一切只有顺其自然，回归到简单生活中才能得到。

　　简单是平息外部无休无止的喧嚣，回归内在自我的唯一途径。当我们为拥有一幢豪华别墅、一辆小汽车而加班加点地拼命工作，为了无休无止的约会、饭局、派对和交际，精心打扮，强颜欢笑，刻意应酬时，我们应该问一问自己干吗要这样呢，它们真的那么重要吗？

　　"我想过一种简简单单的生活。"有多少人会经常说过这种话？人们都希望在一种简单明晰的环境中生活、工作，摒弃自身一些不需要的繁文缛节。生活有多混乱？乱成一团麻！你的生活有多少不健康或不必要的附属物？有多少嗜好阻止你去做应该做的事情？有多少衍生品实际上是你不需要的，但却紧紧地吸附在你的生活上？

　　我们总是把拥有物质的多少、外表形象的好坏看得过于重要，用金钱、精力和时间换取一种有目共睹的优越生活，却没有觉察自己的内心在一天天枯萎。事实上，只有真实的自我才能让人真正的容光焕发。当你只为内在的自己而活，幸福感才会润泽你干枯的心灵。

　　我们需求得越少，得到的自由就越多。正如哲学家梭罗所说："所谓的舒适生活，不仅不是必不可少的，反而是人类进步的障碍，有识之士更愿过比穷人还要简单和粗陋的生活。"简朴、单纯的生活有利于清除物质与生命本质之间的藩篱，让我们认清生活中哪些是我们必须拥有的，哪些是必须丢弃的。

生活其实很简单，对待家人要多点关心、多点体贴，对待孩子要多点爱心，对待老人要多点孝心，对待爱人要多理解，对待朋友要多真诚，与人相处要多微笑。

生活其实很简单，听从内心深处的呼唤，追求心灵所需要的快乐生活，这种快乐是心的宁静与安详。有自己的空间，不想打扰别人，也不想让别人打扰。在平淡寻常中保持一颗宁静的心。快乐着自己的快乐，幸福着自己的幸福，给自己留一份自由的空间。

生活其实很简单，过自己的生活，不要羡慕别人。别人再好，那是别人的，羡慕只是增加烦恼。学会善待自己，我们无法改变这个世界，但我们有能力改变自己，快乐是一种心态，自己可以控制。

生活其实很简单，不要爱慕虚荣，不要和别人攀比，有滋有味地过自己的生活。保持一个良好的心态，不要让自己的心境受外界的影响，淡定从容，宠辱不惊，抛开一切的诱惑和迷茫。

生活其实很简单，有那么多你牵挂的人，也有那么多牵挂你的人！细心感受，学会理解和宽容。珍惜友情，学会放松，那样的你一定很快乐！你也一定会有一个精彩的简单生活！

生活其实很简单，简单就是美，房间里该清理掉的东西就清理掉。不要吝啬，很多东西摆在那里是多余的，清理掉留出空间，简单的房间就给人一种悠闲、放松的感觉。即使很有钱也不要买那么多东西，简单不用物质来堆砌，而用心来体会。

多一分舒畅，少一分焦虑；多一分真实，少一分虚假；多一分快乐，少一分悲苦，这就是简单生活所追求的终极目标。外界生活的俭朴将带给我们内心世界的丰富。我们将为每一次日出和草木无声的生长而欣喜不已；我们将重新向自己喜爱的人们敞开心扉；我们将热情地置身于家人、朋友之中，彼此关心，分享喜悦。我们将不是在生活的表面游荡不定，而是深入进去，聆听生活本质的呼唤，让生活变得更有意义。简单生活，是人生的简化和升级。

第 5 章
有一颗随缘心，你会更洒脱

面对尘世间各种纷扰繁杂，很多时候我们不妨选择放下。以退为进，甩掉包袱方能轻松自在地生活。

放下烦恼，获得快乐；放下压力，获得动力；放下自卑，获得自信；放下懒惰，获得充实；放下狭隘，获得丰富；放下抱怨，获得平和；放下纠葛，获得潇洒；放下包袱，获得自在……

把握住舍与得的智慧，就等于领悟了人生真谛

如果情爱是束缚，你能舍去情爱，不就能得到自在了吗？如果骄傲是烦恼，你能舍去骄傲，不就能得到清静了吗？如果妄想是虚妄，你能舍去妄想，不就能得到真实了吗？……

"舍得舍得，有舍才有得。"如果我们不能了然这其中的因果关系，就很难明白"以舍为得"的妙用。在田地里，没有播种（舍），哪里有收成（得）？

舍，看起来是给予，实际上是获得。积极地给予别人赞美，你才能获得更多的友谊和赞美；给予别人一个笑容，你才能获得别人对你的"回眸一笑"！"舍"和"得"的关系就如"因"和"果"，因果是相关的，舍与得也是互动的。能够"舍"的人，一定拥有广阔的心胸，否则他怎么肯"舍"给人，怎么能让人有所"得"呢？他的内心充满欢喜，他才能把欢喜给人；他的内心蕴藏着无限的慈悲，他才能慈悲待人。自己有财，才能舍财；自己有道，才能舍道。所以我们劝人不要把烦恼、愁闷传染给别人，因为"舍"什么，就会"得"什么，这是必然的因果。

太阳给我们发光发热，所以我们喜欢太阳；大树为我们遮风挡雨，所以我们喜欢大树；父母养育栽培我们，我们感激爱戴父母；朋友给我们无私帮助，所以我们珍惜朋友。如果太阳、大树、父母、朋友都不"舍得"任何给我们，我们怎么会喜欢他们呢？

如果情爱是束缚，你能舍去情爱，不就能得到自在了吗？如果骄傲是烦恼，你能舍去骄傲，不就能得到清静了吗？如果妄想是虚妄，你能舍去妄想，不就能得到真实了吗？如果挂碍是痛苦，你能舍去挂碍，不就能得

到轻松了吗？所以能舍，才能得，这是必然的道理。

心理学家做过两个试验：将一条饥饿的鳄鱼和一些小鱼放在一个水池的两端，中间用一个透明的玻璃板隔开，刚开始，鳄鱼毫不犹豫地向小鱼发动进攻。它失败了，但毫不气馁，接着，它又向小鱼发动第二次更猛烈的进攻，它又失败了，并且受了伤。它还要进攻，第三次，第四次……多次进攻无望后它再也不进攻了。这时候，心理学家将隔板拿开，鳄鱼仍然一动不动，它只是无望地看着那些小鱼在自己的眼皮底下悠闲地游来游去。它放弃了所有努力。

面对纷繁复杂的世界，懂得放弃的人，就会用乐观、豁达的心态去对待没有得到的东西，他们每天都会有快乐和愉悦的心情；而不懂得放弃的人，只会焦头烂额地乱冲，他们不但最终达不到目标，而且每天都陷于得失的苦恼之中。

有一句很经典的台词是这么说的："当你紧握双手，里面什么也没有；当你打开双手，世界就在你手中。"很多时候我们都应该懂得舍弃，生活中鱼和熊掌都能兼得的时候很少，每一次放弃是为了下一次得到更多的回报。

一个青年向一个富翁请教成功之道，富翁却拿了3块大小不等的西瓜放在青年面前："如果每块西瓜代表一定程度的利益，你选哪块？""当然是最大的那块！"青年毫不犹豫地回答。

富翁一笑："那好，请吧！"富翁把最大的那块西瓜递给青年，而自己却吃起了最小的那块。很快富翁就吃完了，随后拿起桌上的最后一块西瓜得意地在青年面前晃了晃，大口地吃了起来。

青年马上就明白了富翁的意思：富翁吃的瓜虽没有他的大，却比他吃得多。每块西瓜代表不同的利益，那么富翁得到的利益自然比青年多。

吃完西瓜，富翁对青年说："要想成功，就要学会放弃，只有放弃眼前利益，才能获得长远大利，这就是我的成功之道。"

放弃是一种智慧、一种豪气，是更深层面的进取。我们之所以举步维艰，是因为背负太重，之所以背负太重，是因为还不会放弃。功名利禄常常微笑着置人于死地。诗人泰戈尔说："当鸟翼系上黄金时，就飞不远了。"学会放弃，才能卸下人生的种种包袱，轻装上阵，迎接生活的转机，度过风风雨雨；懂得放弃，才能拥有一分成熟，才会更加充实、坦然和轻松。

"舍"，要能以慈、以利，亦即要能给人善，又要能给人利益。"仰天吐唾，唾不至天，还堕己面；逆风扬尘，尘不至彼，还坌己身。"舍亦如送礼给人，如果我们所送的礼物对方不肯接受，那就只有自己收回，所以我们应该知道"己所不欲，勿施于人"的道理。

总之，以舍为得，金钱、名利、知识，能将其舍给别人，你必然会得到更多金钱、名利、知识。舍给别人好的，会得到更多好的；舍去那些不好的，也会得到好的。当我们把烦恼、悲伤、无名、妄想都舍了，自然就会获得人生的另一番新境界。

 ## 敢于甩掉包袱，才能欣赏到真正的美景

我们的人生，需要舍弃的包袱太多太多，跋涉于生命之旅中，如果我们视野有限，不肯舍弃眼前的美景，那么失去的将会是前方更迷人的景色。

人生就是不断选择取舍的过程。选择成就一番事业，必然要舍弃安逸的享受；选择清淡的生活，必然要放弃名利的诱惑。学会选择和放弃，既可以在有限的生命中，抓住自己最需要的，舍弃不必要的负担，又可以轻松掌握人生的主动权，到达成功的彼岸。

一个年轻人觉得生活很压抑苦闷，便去见智者，寻求解脱之法。智者给他一个篓子背在身上，指着一条石子路说："你每走一步就捡一块石头放进去，看看有什么感觉。"

年轻人说很沉重。智者告诉他："这就是为什么你感觉生活越来越沉重的道理。生活中你不断地捡东西放在心里，于是越来越累。"

年轻人问："有什么办法可以减轻这沉重吗？"

智者问他："你愿意把工作、爱情、家庭、友谊、金钱、地位、名声哪一样拿出来扔掉呢？"年轻人不说话了。

由此看来，人这一辈子只有两个时候最轻松：一是出生时，赤条条而来，背着空篓子；一是死亡时，把篓子里的东西倒得干干净净，然后赤条条而去。除此之外就是不断往篓子里放东西的过程。心为形役，所以人们会感觉到累，可是又不愿放弃篓子里的东西。生活总是在取舍中选择。鱼和熊掌，往往是不可兼得的，因而在取与舍之间，总是那么让人难以抉择。抉择之所以如此艰难，常常是因为我们内心舍不得放弃，摇摆不定。

一只老虎在山里奔跑的时候，一不小心踩上了猎人设放的捕兽夹。它的一只前爪被夹住了，疼得嗷嗷直叫。突然，它好像听到了什么声音，仔细一听，原来是猎人们拿着刀叉和弓箭赶过来了。

要么被猎人捕获，宰杀，要么自己逃出去。万般无奈之下，老虎奋力折断了前爪，跑掉了。

等到回到了自己的洞中，老虎不禁难过起来，它想：可惜呀！我的那只前爪，指甲是那样的锋利，皮毛是那么的漂亮，现在我成一只瘸腿老虎了。

老虎很苦恼，它本是百兽之王，但在这种心理的作用下，也变得郁郁寡欢，毫无斗志。

一天，猴子碰到它，聊了起来，才知道老虎的这段遭遇。猴子想了想，宽慰老虎道，虽然你失去了前爪，但你得到了生命，如此选择和放弃不是最好的结果吗？要不然等猎人到了，你就会被抓住，性命不保。

听到这里，老虎又渐渐地高兴起来了。

每个人在生命中都会面临无数的选择，如何选择也就决定你如何成功。而最好的选择，需要一种独特的眼光。没有在同一情形下势均力敌的

东西，成功的最佳目标不是最有价值的那个，而是最有可能实现的那个。选择是对放弃的诠释，放弃是一种明智的选择。学会选择和放弃，才能拥有一分成熟，做人也是如此。如果明白这一道理，你就已经做出了最明智的选择。

在人生中，有些事不可不求，但也不可强求。不选择，人便永远在十字路口徘徊，最终会一无所得；不放弃，人生之舟难以承受繁多的欲望，给自己带来痛苦、烦恼，结果仍然是一无所得。学会选择和放弃，你才能掌握人生的主动权。如果你已经发现选择与放弃的内在矛盾和冲突，那么你就已经迈出了明智选择的第一步。

鱼和熊掌不可兼得，你必须有所选择、有所放弃。喜欢钓鱼的人可能都知道要想钓到大鱼就必须用香甜可口的食物做鱼饵。记得有这么一个故事：

聪明的农夫知道老鼠会来偷吃仓库里的粮食，所以事先设了一个可以让老鼠空腹进去的小洞，只要老鼠吃一点粮食就钻不出来，到时就可以"瓮中捉鳖"。

老鼠不知道农夫的计谋，看到有这种便宜可占，便一狠心饿了两天，顺利地钻入了粮仓，而当它美餐一顿后却怎么也爬不出来了。所幸的是农夫对这档子事疏忽了，老鼠才在又忍饿两天后得以钻出洞，逃之夭夭。

从这则故事中我们应该得到深刻的启发：必须学会选择，懂得放弃，生活才能如鱼得水。在这个社会里，只有懂得放弃的人，才能用一颗乐观豁达的心去看待那些失去的和得不到的东西；相反，那些紧抓包袱不撒手的人，将永远背负沉重的包袱焦头烂额地在人生道路上跋涉，无法顺利抵达人生的彼岸。

苦中求乐，生活才会有滋有味

苦也是人生，乐也是人生。苦中有乐，苦中求乐，乐不痴迷，乐不忘忧，人生自然就有滋有味，苦亦是乐了。而是苦还是乐，这就看你怎么选择了。

在当今社会里，人们很容易就被物质和名利蒙蔽心灵，人们在不停地追求更多东西的同时，往往忘了最简单的东西是最重要、最离不开的东西。成功与失败，痛苦与欢乐，都是相伴相随、相辅相成的。如果只看到失败和痛苦，那人生将是多么灰暗。一个人能不能开心快乐，并不在于他的处境如何，或者拥有什么，而是在于他对生活的态度，在于他是否可以在生活上、工作中把持着一份发现快乐、赢取快乐的心境。

生活中的苦与乐就如一对孪生子，相伴相随，永不分离。苦与乐在生活中的每时每刻都存在，只要我们以平和的心态去对待，乐就会永伴你身边。在岁月的脚步中，我们不要在沧桑中停步，也不要在坦途中驻足，因为沧桑和坦途都只是过程，而不是我们可以安心休憩的那个最后的港湾。

许多人都把生活比作果子，有甜有酸，吃果子的过程就像是感受生活的过程，在不知不觉中会使人产生两种不同的错觉，正是这种错觉影响着人的一生。先尝甜果子的人会以为此甜味会长久，而对安逸的环境，顺利的境遇，未免就会生出几分懒惰、懈怠的思想，从而不去拼搏劳作，其结果只能是空等年华流逝，而终究一事无成。先品酸果子的人会以为自己已经受过苦难，从而认定幸福必然会来临，从此满怀期盼，却忘记了幸福的马车，还是要靠辛勤来拖曳。

面对生活的苦与乐，我们应该如一位名人所言："你面对，所以你去拼搏；你拼搏，所以你能够面对。"苦与乐是我们所必须去经历的生活过程，苦不一定是负面的，也正是各种各样的苦丰富着我们的人生，增长了我们的才智；乐是我们所追求的生活目标，我们只有付出无尽的汗水，才能永远感受到生活中的快乐。

既然人生充满了苦难，那么人生岂不毫无意义？当然不是。幸福和快乐是苦难的另一面，或者说，苦难升华的结晶就是幸福和快乐。有苦就有乐，有难就有福。有苦乐祸福，才构成了人生的本质和全部。所谓"苦乐人生"，就是这个概念。所以，如何善对人生，善待苦乐，掌握苦与乐的根本和转化的契机，就是人生的技巧所在。

世界上有两种人，当他们在观察半杯水时，一种人看到的是杯子里有一半是满的，而另一种人看到的则是杯子里有一半是空的。这就是乐观与悲观的区别，代表着面对生活时乐与苦的两种不同的态度。

看到乐的一面的人，会保持昂扬向上的精神，把注意力集中在自己努力去做的事情上，将挫折、困难当作向上的阶梯，在汗水里尝到甜蜜，他们把自己的乐发散出去，创造出乐的氛围；而看到苦的一面的人，却会陷入忧郁低沉的心境里，把注意力用在想那些已经失败了的事情上，挫折、困难都变成了拦路虎，连空气里都有苦涩，他们把自己囚禁在苦的坚牢里，不愿再张望一眼。仔细想想，你愿意加入哪一类人的行列呢？

 ## 心胸狭窄会让你失掉自己的人际关系

一个心胸狭窄的人像是一株小草，即使是微风拂过，也能让他们东倒西歪，方寸大乱。别人无心的举动、无意的忽略或冒犯都足以在他们心里形成挥之不去的阴影。

心胸狭窄的人，一个显著的特点就是不能容忍别人比自己强，他们的世界里只能有他们自己。如果有别人比自己强的话，他们就会感到严重的威胁，唯恐自己成为别人的陪衬。这是他们万万不能接受的，于是烦躁不安、心神不定，有那些人的存在他们是没有办法好好生活的，于是，便想方设法来报复和诋毁那些人。

一个心胸狭窄的人，对自己的能力和潜力心知肚明，他们清楚地知道自己并不是最强的，也许根本就算不上强，但是他们不能接受在自己的视野范围之内有人比自己强。若是发现有人强过自己的话，他们就会心烦意乱，只盘算如何削弱对手，而不是提高自己。他们的风格就是压制别人，通过压制使自己永远保住第一的位置。

嫉贤妒能只是心胸狭窄的人性格弱点的一个方面。心胸狭窄还意味着不能宽容别人的缺点，不能忍受别人对自己无意的触犯与伤害，永远不能以宽容豁达的心来看待问题。他们极度敏感、自尊心极强，这也越发体现出他们内心深处的自卑和恐惧。很多时候，别人的只言片语就像一阵微风，如果你是一个强者，那么你就会像一株大树，微风拂过，丝毫不会影响你，反而给你送去一丝清凉和愉悦；而一个心胸狭窄的人则像是一株小草，即使是微风拂过，也能让他们东倒西歪，方寸大乱。别人无心的举动，无意的忽略或冒犯都足以在他们心里形成挥之不去的阴影。所以很多时候他们对别人报复是与别人的能力无关的，只是因为他们无法释怀。他们只想着打击报复让别人也受到更大的伤害。只有看到别人受到的伤害远胜于自己，他们才能感到一丝快感。所以说，和心胸狭窄的人在一起，常让人觉得防不胜防，因为你不知道什么时候就会得罪到他们，也不知道什么时候，他们会对你进行报复。

曹操虽然是一个有能力的人，但是也免不了有心胸狭窄的弱点。他成就了一番大事业，也因心胸狭窄，而葬送了他手下一些杰出的人才。最突出的例子，莫过于大家耳熟能详的曹操与杨修的故事了。

杨修为人恃才傲物，屡屡遭受曹操的忌恨。有一次曹操建了一座花

园，曹操看过之后不置可否，只提笔在大门上写了一个"活"字就走了。大家都不明白这是什么意思，只有杨修说道："门字里面填一个'活'字，就是一个阔字，丞相是嫌大门建造得太阔了。"于是工匠重新修建了大门，又请曹操来看。曹操看过之后大喜，问道："是谁知道我的心意？"左右人说是杨修，曹操称赞了杨修的聪明，但是心里却很不舒服。

一次，曹操在与刘备征战的时候处于下风，兵退斜谷，进退不能，犹豫不决，恰好厨师端上鸡汤来，曹操看见汤中有鸡肋，不禁有感于怀。正在沉吟之时，夏侯惇进帐请示夜间的口令，曹操随口道："鸡肋，鸡肋。"夏侯惇便传令官兵，以"鸡肋"为号。杨修闻听口令是"鸡肋"，就教随行的士兵收拾行装，准备归程。有人告诉夏侯惇，夏侯惇大惊，问杨修为什么要收拾行装。杨修道："通过今晚的号令，就知道魏王不几天就要退兵了。鸡肋这个东西，吃起来没什么肉，丢了又可惜。现在我们进攻不能取胜，退兵又怕被人笑话。在这里没什么好处，不如及早回去。来日魏王必定班师，所以先收拾行装，免得临行慌乱。"夏侯惇道："你真是了解魏王的心意啊！"于是寨里大小将士，无不准备归计。

当夜曹操心乱，睡不着觉，就手提钢斧悄悄在营中巡视，只见将士们都在收拾行装，赶紧叫夏侯惇来问其缘故，夏侯惇便说主簿杨修知道大王想退兵的意思，曹操叫来杨修询问，杨修把鸡肋的意思告诉曹操，曹操大怒道："你怎敢胡言，乱我军心！"就命令刀斧手将杨修推出去斩首示众了。

杨修恃才放旷，终被曹操所忌恨，杀之而后快。

强者总能得到更多关注和掌声。这一切本来无可厚非，人人都欣赏羡慕强者，唯独心胸狭窄的人，却不能接受身边存在比自己强的人，更不会欣赏和赞美别人。他们没有能力成为最引人注目的人物，也不允许有比他们更引人注目的人物存在。一个人要想成为生活的强者，变成备受瞩目的人，内心一定要海阔天空、包容万千，而这些，心胸狭窄的人是无法做到的。

19世纪初，美国发明家富尔顿来到金碧辉煌的凡尔赛宫，他刚发明了蒸汽机铁甲战船，兴致勃勃地向拿破仑建议，用之取代当时法国的木制舰船。毫无疑问，蒸汽机铁甲战船比木制战船要先进得多，威力也不可同日而语。眼看拿破仑就要被富尔顿说动，准备采纳富尔顿的建议时，拿破仑却脸色陡变，两眼放射出难以抑制的怒火，直逼向富尔顿。合作告吹了，而莫名其妙的富尔顿也许永远不会知道，他失败的原因完全在于他毫不在意地顺口恭维了拿破仑一句："伟大的陛下，您将成为世界上真正最高大的人！"在这里，富尔顿想表达的是"高贵"、"崇高"的意思，但他一不留神把法语的"高贵"、"崇高"一词说成了"高大"，恰恰富尔顿自己身材高大，这一下正好击中了拿破仑最自卑、最害怕被别人嘲笑的生理缺陷——个子很矮。

拿破仑又自卑又忌恨，他对高个子的富尔顿咆哮道："走吧！先生！我不认为你是个骗子，但认为你是个十足的蠢货！"这之后，富尔顿的发明专利被英国购买，英国凭借强大的海军，确立了世界海上霸主的地位，法国却远远落在了后面。直到 20 世纪 30 年代末，爱因斯坦在建议美国总统罗斯福迅速研制原子弹的信里，才又一次重提旧事："总统先生，如果 1803 年拿破仑接受了你们的富尔顿关于建造蒸汽机军舰的建议，今天的世界格局将不会是这样！"

拿破仑仅仅因为容忍不了别人无意间使用"高大"一词，就拒绝了一项伟大的发明，也失去了一个称霸世界的绝好机会。因为他心胸狭窄，所以他失去了一个时代。

俗语说"宰相肚里能撑船"，对现代人来说，肚子里要能跑火车才行。对于具有不同脾气、不同嗜好、不同优缺点的人，你要学会和平相处，必须要具备一颗平常心。倘若你对自己的短板仍然不醒悟，还那么狭隘地对待别人，到最后别人也会把苦果子给你吃。所以，心胸狭窄足以令你失掉自己的人际关系，让你独身一人走在黑暗的路上。

既然无法改变，那就坦然接受

不管是生活还是工作，我们都应该坦然接受不可改变的事实。这绝不是逆来顺受或者不思进取，这只是一种积极的顺其自然的人生态度。

人生本来就是一个输赢交错的过程，就是诸葛亮再世也无法准确预测和掌控不可预知的未来，更不能改变过去既成的事实。所以，与其死死纠缠在不可改变的过去，还不如改变心态，坦然接受，放眼未来。

人生总要遇到这样那样的磨难，好比唐僧西天取经，总有劫难等着你去克服。事实不会因为你的痛苦就会发生改变，如果你能保持良好的心态，采取积极的行动，那么磨难就会变成"磨刀石"，不但让你卷土重来、东山再起，还使你变得更加出类拔萃。

美国小说家塔金顿常说："我可以忍受一切变故，除了失明。我绝不能忍受失明。"可是在他60岁的某一天，当他看着地毯时，却发现地毯的颜色渐渐模糊，却看不出图案。他去看医生，得到了残酷的证实：他即将失明，有一只眼差不多失明了，另一只眼也接近失明。他最恐惧的事终于发生了。

塔金顿对这最大的灾难如何反应呢？他是否觉得："完了，我的人生完了！"完全不是。令人惊讶的是，他还蛮愉快的，他甚至发挥了他的幽默感。那些浮游的斑点阻挡他的视力，当大斑点晃过他的视野时，他会说："嗨！又是这个大家伙，不知道它今早要到哪儿去！"完全失明后，塔金顿说："我现在已经接受了这个事实，也可以面对任何状况。"

为了恢复视力，塔金顿在一年内得接受12次以上的手术，而且只是采取局部麻醉。他会抗拒它吗？他了解这是必需的，无可逃避的，唯一

能做的就是优雅地接受。他放弃了私人病房，而和大家一起住在大众病房，想办法让大家高兴一点。当他必须再次接受手术时，他提醒自己是何等幸运："多奇妙啊，科学已经进步到连人眼如此精细的器官都能动手术了。"

当真正面对无法改变的事实的时候，其实每个人都能接受，就像本以为自己绝不能忍受失明的塔金顿一样，这个时候他却说："我不愿用快乐的经验来替换这次机会。"他因此学会了接受，并相信人生没有任何事会超过他的容忍力。如约翰·弥尔顿所说的，这次经验教导他"失明并不悲惨，无力容忍失明才是真正悲惨的"。

成功学大师卡耐基说："有一次我拒不接受我遇到的一种不可改变的情况。我像个蠢蛋，不断做无谓的反抗，结果带来无眠的夜晚，我把自己整得很惨。终于，经过一年的自我折磨，我不得不接受我无法改变的事实。"

西方有句谚语"不要为打翻的牛奶杯而哭泣"，这与中国的一个成语"覆水难收"有着异曲同工之妙。用流行的话来说，"你可以设法改变3分钟以前的事情所产生的后果，但你不可能改变3分钟之前发生的事情"。是啊，事实已经发生，就算肠子悔青了也没有"月光宝盒"送你回到过去。所以，不如将精力放在如何解决问题上，避免以后再犯同样的错误。

金融危机爆发的时候，谭先生十分庆幸自己没买股票，谁知他的妻子却号啕大哭，说她把家里60万元的存款给了一个朋友做投资，说一年的收益非常可观，可现在朋友破产，人也消失了，60万元打了水漂。

谭先生一阵头晕眼花，这意味着，他这10多年的辛苦努力全白费了。谭先生真想把妻子痛打一顿，可是他很快冷静下来，他对满脸泪水的妻子说："命里没有莫强求，钱已经丢了，再哭也哭不回来。幸好我还有一份不错的工作，咱们的生活还是不成问题的。"

谭先生虽然嘴上说得淡定，可是他心里清楚自己的工资也不是很丰厚，虽然够得上家里每个月的开支，可是女儿马上就要上大学，夫妻双方的父母年纪都大了需要他们照顾，谭先生感到了前所未有的压力。

可生活还要坚持下去，于是，谭先生和妻子商量用各种"开源节流"的办法来应对：谭先生戒了烟；名牌衣服不买了，以前的旧衣服整理一下也很好，很多还都是新的；朋友聚会尽量在家吃；尽量不打车，出门坐公交；妻子开了个小商店赚些钱……

就这样，谭先生家的日子虽然现在过得辛苦了些，但是依然有条不紊地向前进行着，一家人都相信日子会一天天好起来的，只要一家人同心协力，满怀信心，什么困难都可以克服。

不幸的发生，往往是因为我们对事物做出了错误的估计，因此不得不付出代价。但是，错误已经发生，我们懊悔、暴怒、颓废都无济于事，只能让事情变得更糟；不如向谭先生学习，勇敢面对突如其来的灾难，用平静的心态去承受不可更改的事实，想办法去解决问题，而不是企图"回到过去"。

面对不可避免的事实，我们就应该学着做到诗人惠特曼所说的："让我们学着像树木一样顺其自然，面对黑夜、风暴、饥饿、意外与挫折。"

坦然接受现实，并不等于束手接受所有的不幸。只要有任何可以挽救的机会，我们就应该奋斗。但是，当我们无法挽回无法改变的时候，我们就不要再踌躇不前，拒绝面对。要接受不可避免的事实，唯有如此，我们才能在人生的道路上掌握好平衡。

甩掉自卑的包袱，做最好的自己

自己与自己的较量是最残酷的，因为我们面对的不是别人，而是我们自己，只要我们稍不留神，就会被自卑钻了空子。

　　或许你没有秀美的容颜，也没有聪颖的天资；或许你没有骄人的学业，也没有出众的才华；又或许你没有显赫的家世，也没有耀眼的工作……总之，自己身上千疮百孔，没有任何闪光点，而别人看起来都是幸福、优秀的人，看到别人幸福的微笑总觉得是对自己无情的嘲笑。

　　自卑是许多悲剧的根源所在。我们希望像别人那样去生活，像别人一样地为人处世。也因此我们将自我置于别人之下，先比较，然后批判自己，无限夸大别人的能力，这种夸大又反衬出自己的渺小，这是伤害自我的致命武器。我们会觉得自己各方面都不如人，有各种各样的缺点和不足，而别人却完美无瑕。也许他们本来极为优秀，但在内心里却轻视自己。他们内心焦虑不安，没有自己的主见，用别人的判断标准扼杀了自己的信心。

　　自卑是自我挫败的源头。我们很容易因为自我条件不足而产生自卑心理，这在生活、感情、职场中也是阻碍成功的大敌。不管承认与否，自卑者面对生活缺乏勇气，不敢与强大的外力相抗衡，最终使自己在痛苦的陷阱中挣扎。有谁愿意成为一个带有自卑性格的人呢？相信所有自卑的人都渴望把"自卑"这个沉重的包袱重重地摔在地上，从此挺胸抬头，脸上洋溢着自信的微笑。

　　有一个23岁的女孩，身边有一位成熟稳重、经济条件不错的男人一直密切关注着她——那是她的上司。她是一个敏感的女生，怎会不知道？然而，由于潜意识里的自卑感在作祟，她总不肯给他表白的机会。她在心里发誓：要做就做他身边最优秀的女人，将其他女人比下去，然后才坦然接受他的爱。

　　从此以后，她拒绝了他的一切邀请，深居简出，埋头苦读，终于考上了她一直向往的、他曾经就读过的那所著名学府的研究生。当他提出送她去上学时，她婉言谢绝了，她觉得自己不该是一个不谙世事的小丫头、只会读书的小呆子，而应该是一个高分高能的天之骄女。她要借助任何一次机会锻炼自己，为的是将来能够与他并肩站立，成为他的同行者，而不会自惭形秽。在读研期间，她潜心做学问，又多方锻炼自己的心智，磨炼自己的毅力，如愿以偿，她变得那般出类拔萃，导师觉得她不读博士真是浪费。于是，她又花了3年时间读完博士。院里挽留她，并允诺送她出国，而她却无心逗留，想让他看到自己经过这6年时间变得如此优秀的愿望显得那么强烈。她，终于带着美好的期待飞回到他所在的城市。这一次，是她主动约的他，她想向他显示：自己有足够优秀，可以成为他的帮手；她还想让他意识到，她有了做他的好太太的完美条件。然而，他与她坐在咖啡屋里还没说几句话，他的手机就响了，他接起来："啊？儿子又发烧了？好，你等着，我这就回去送他去医院。"然后，他略带歉意地对她说："我儿子生病了，我太太很紧张，现在他们很需要我在他们身边，我们以后有空再聊，好吗？"这几句话如晴天霹雳将她击中，她只剩下机械地点头，机械地回答："好!"除此之外，她还能说什么？做什么？

故事中的女孩由于内心的自卑不愿意接受上司的追求，她固执地以为只有自己足够优秀时，才能够配得上他！然后，她就想尽一切办法要让自己变得更加优秀。然而，当有一天她真的觉得自己足以匹配那个优秀的男人时，才发现幸福早已不在自己的一边。其实，是门当户对的世俗爱情观使得她失去了原本属于自己的东西。优秀固然很重要，可是比起得到幸福来说，就显得微不足道了！

在优秀的追求者面前，我们没有必要自卑，因为爱情与幸福对任何人来说都是平等的。当爱来了，就请勇敢地接受吧，别为世俗的眼光而毁掉了自己一生的幸福。有时候，我们真的没有必要刻意地去追求优秀，毕竟优秀只是一个外在的条件，就犹如一个美丽的装饰品，有了自然让人赏心悦目，没有，我们依然可以快快乐乐地活着。

挫折与坎坷也是生活的一部分，逆境时有发生。出于许多原因，在复杂的社会中我们经常要面对失败。没有人能够避免和逃脱日常生活中不期而遇的变故。这些变故让我们的处境变得尴尬和艰难。没有闭月羞花之貌，没有经天纬地之才，相比之下，我们什么也没有，好像只有自卑了。

自己与自己的较量是最残酷的，因为我们面对的不是别人，而是我们自己，只要我们稍不留神，就会被自卑钻了空子。在人生的道路上，成功的人都是战胜了自己的人，而失败的人大多都被自己的自卑感给压垮了。自卑感在每个人身上都或多或少地存在，但我们不应被自卑吓倒，而应超越自卑，让它升华为一种良好品格：谦虚谨慎，不骄不躁，继而转化成进取的动力。只有这样，我们才会活得开心，活出自信，我们的人生才会充满希望和阳光。

 ## 把心放空，生活到处是安乐

凡事不要看得太重，不要斤斤计较眼前的得和失，学会放空自己的心灵，平和地看待生命中的得与失，你会发现生活中到处都是安乐。

很多人总是把时间和思想填得满满的，却常常忘了自己心之所想，忘了为之奋斗的目的，以为放松就是浪费时间，是无意义的懈怠。所以，这些人总是步履匆匆、满腹心事，甚至焦躁不安，从不肯让自己闲下来、静下来，保留一份空白，独享时间的流逝。然而人总会在某个阶段，突然意识到自己的上进心已经被重重复复的琐事所羁绊，对一直热爱的工作产生了松懈，而过往的成功经验转眼间已经成为绊脚石……于是，心累了、倦了。这时如果我们再强撑下去，只能让自己的心更累、更倦，我们的生活将会更加沉重。而想要从这种沉重的生活中解脱出来，最好的办法是放空自己，让自己暂时忘掉一切，暂时抛开世俗的一切，好好休息一下，让心灵得到沉淀。

"扫地扫地扫心地，心地不扫空扫地，人人都把心地扫，世上无处不净地。"有人说这是传说，也有人说这是真事，有无此事并不重要。但这个故事能使人彻悟打扫心地的要义：心明清净才是人生智慧的提炼和升华的基石。

每过一段时间，我们都要清理一番家里的物品，有保存价值的留下，估计意义不大的把它们卖掉，甚至干脆扔进垃圾桶。这种清理让人感到舒心，每做一次，就有一种又丢掉了一个包袱的感觉，那种无法按照自己的意愿设计生活的压抑感也会一扫而空。

人的心灵其实也像一个家，它的容量是有限的，不管你名气有多大，职位有多高，也不管你拥有多少金银财宝，你都无法突破这种限定。而人生一世，难免有挫折、失败、不幸，难免有烦恼、寂寞、孤独，这些东西就像旧书报和废手稿一样，于你的人生毫无用处，却侵占了大量的生命空间，你如果不及时清理掉，它们就会慢慢地膨胀起来，让你的心灵变成一个垃圾堆。

清空心灵，就是要清空世俗生活积存的枯枝败叶；清空心灵，就是要收获未来的光荣与辉煌；清空心灵，就是要最大限度地获得生命的自由、独立。

偶尔放空自己，封锁来自四面八方的信息，放弃永无休止的欲望，用漫不经心的视线，扫过路边的风景，看看天空中鸟儿飞翔，闻闻空气中花的芳香，让繁忙的心真正得到自由。偶尔放空自己，轻装上阵，去汲取新的养分，去静听心音，做自己想做的事，让自己的心沐浴在阳光下，这正是我们努力工作所要追求的幸福生活。

有这样一则故事：

乡村里有一对清贫的老夫妇，有一天他们想把家中唯一值点钱的一匹马拉到市场上去换点更有用的东西。老头子牵着马去赶集了，他先与人换得一头母牛，又用母牛去换了一只羊，再用羊换来一只肥鹅，又把鹅换了母鸡，最后用母鸡换了别人的一口袋烂苹果。在每次交换中，他都想给老伴一个惊喜。

当他扛着一口袋苹果来到一家小酒馆歇息时，遇上两个英国人。闲聊中他谈了自己赶集的经过，两个英国人听后哈哈大笑，说他回去准得挨老婆一顿揍。老头子坚称绝对不会，英国人就用一袋金币打赌，3个人于是一起来到老头子家中。

　　老太婆见老头子回来了，非常高兴，她兴奋地听着老头子讲赶集的经过。每听老头子讲到用一种东西换了另一种东西时，她都充满了对老头子的钦佩。她嘴里不时地说着："哦，我们有牛奶了！""羊奶也同样好喝。""哦，鹅毛多漂亮！""哦，我们有鸡蛋吃了！"

　　最后听到老头子背回一袋已经开始腐烂的苹果时，她同样不愠不恼，大声说："我们今晚就可以吃到苹果馅饼了！"

　　结果，英国人输掉了一袋金币。

　　从这个故事中我们可以领悟到：凡事不要看得太重，要学会放空。不要为失去的一匹马而惋惜或埋怨生活，既然有一袋烂苹果，就做一些苹果馅饼好了，这样生活才能妙趣横生、和美幸福。唯有如此，我们才可能获得意外的收获。

　　人的情感总是希望有所得，觉得拥有的东西越多，自己就会越快乐。所以，这一人之常情就迫使我们沿着追寻获取的路走下去。可是，有一天，我们忽然惊觉：我们的忧郁、无聊、困惑、无奈、一切不快乐，都和我们的要求有关，我们之所以不快乐，是我们渴望拥有的东西太多了，或者，太执迷于某些事物。

　　适时放空自己，甩掉心上背负的沉重，扫去心灵上的蒙尘，让自己的心变得轻盈；心轻是一种睿智，放空是一种豁达、一种精神，更是一种品格、一种境界。放空了自我，才能想到别人；放空渺小和卑劣，才能赢得伟大与崇高。因此，放空，也是一种智慧，一种幸运；放空，才会收获一份轻松。

　　放空自己是为了更好地充实和净化自己，让自己心平气和，把心力调至恰到好处，驾驭好自己的情绪，靠近快乐，远离忧虑。放空自己，是顿悟的前提。让我们试着在不断的顿悟中，做一个充实而又幸福的人吧。

第6章
有一颗超脱心，你会更淡然

痛苦的根源在于看不开，看不开就会舍不得，舍不得放弃过去的，舍不得放弃失去的，舍不得放弃远去的，久久地沉浸其中无法摆脱。正是这种看不开造就了人生的悲伤，看不开是人生的消极悲伤之源。

凡事看开了，就没什么大不了的

当你遇到困难与挫折的时候，千万不要钻牛角尖，不妨换个角度思考，劝解自己看开一些，人生没有过不去的坎。

世间最大的苦是自己看不开，让自己的心蒙尘受苦。人看开的时候，心灵之门是敞开的，什么都看清了，就不怕了。很多时候人的恐惧都是因为看不清。看开了，恐惧没有了，心情就好了，一好百好，人逢喜事精神爽。在看开的时候，人的目光是盯着光明的地方，生命处于一种开放的状态并保持旺盛的劲头。"一朝被蛇咬，十年怕井绳"，心灵之门一关，一切都看不清了。人们因为看不清而充满了一种警备、焦虑的心理，自然无法积极乐观起来。换一个角度思考问题，完全是两种结局、两种心境。所以，当你遇到困难与挫折的时候，千万不要钻牛角尖，不妨换个角度思考，劝解自己看开一些，人生没有过不去的坎。

一位年轻的企业家事业很成功，却对家庭缺少关心。他几乎得到了所有人都想得到的但仍然不满意，觉得上天应该给自己更多。有一天，经妻子一再恳求，他带着妻子和儿子到野外去兜风。谁知中途车子出了意外，翘在悬崖上千钧一发。面临生命危机，全家人前所未有地团结，用尽所有的智慧，终于脱险了。脱险后的企业家好像脱胎换骨了一般，他觉得一切都满足了。他开始对爱人、对孩子、对所有人都充满了爱心，每一天都过得很充实。

正所谓"大难不死，必有后福"。这个"福"字其实是经过大难的人自己给自己的，他们对人生的态度发生了变化。大难之后，看开了，人的生命状态从一种狭隘的、关闭的状态转化为一种积极乐观的状态。看开

了，人生便会充满阳光。

放下才会幸福，放下并不是放下手中的物品，需要放下的是我们的一颗心。放下了也就看开了，只有看开了，才能安闲优雅，才会感到生活的幸福，生命的美好。一千个人眼中有一千个哈姆雷特，一千个人眼中有一千种幸福，但心灵平静、心无挂碍的那种轻灵的感觉应该是一种人们公认的幸福。

孔子说，富贵于我如浮云。他不是看破，却是真正的看开。孔子并不是不在乎富与贵，他明白努力和成功没有绝对的因果关系，在他看来一切都是尽人事以听天命，我们尽力去追求，却不必把富与贵当作永久存在的东西。

曾仕强说：看开不是看破。人不可以看破，看破了便觉得一切是假，人生无所追求，失去了竞争的原动力，其结果不是洒脱而是消极；又不可以看不开，否则在人生中只许成功不许失败，即使眼下成功了，未来也不能走远，因为人生不可能没有挫折。

每个人都会多多少少有些贪婪。好奇与利益会使一个人看不到眼前的美好，却奢求曾经错过的东西。我们常说："失去了才懂得珍惜。"为何不把平常的错过看得淡一些呢？如果让你选择大海与小河，你会如何呢？也许你会选择波澜壮阔的大海，这意味着你要错过波澜不惊、静谧安详的小河。但你无须悔恨，每条路都有各自美妙的结果。

人生路上，我们会无数次被自己的决定或碰到的逆境击倒、欺凌甚至碾得粉身碎骨。但无论发生什么，或将要发生什么，在上帝的眼中，我们永远不会丧失价值。所以，创伤是一种历练，而不是惩罚，不要为自己遭受的挫折、创伤而贬低、否定、惩罚自己；我们要做的，是重新整理心情和人生，带着这种创伤留下的疼痛和成熟继续上路。

我们常常安慰别人说："人生是没有圆满的。你不能得到一切。你永远不会是最幸福的人。"然而，谁说人生是没有圆满的呢？我们所拥有的，是另一种圆满。

我们从遗憾中领略圆满。没有分离的思念，怎能领略相聚的幸福？没有经历过欺骗的痛苦，怎会领略忠诚的可贵？没有品尝过失败无奈的滋味，又怎会体会成功的喜悦？没有遭遇病魔的袭击，怎能体会健康对人的重要？在纷纷扰扰的人世间，能够拥有，能够相聚，彼此忠诚，长相厮守，不正是一种圆满吗？

凡事懂得看开是一种大智慧。在很多事情上，我们应该知道适可而止，量力而行，不要过于执着地追求那些高不可攀的目标。及时放下，这种放下并不是畏难，也不是退缩，而是更为务实地寻找更为切合自己实际的目标。当我们把那些好高骛远的目标抛弃以后，我们会切实地感受到心灵轻松的幸福，这是为我们更好地前行准备的最好的礼物。

 ## 慢慢享受生活

生活是需要做减法的，那是一种让生活尽量简单化的状态。说白了，生活要求太高，便会无限复杂起来，生活要不折腾，越简单越好。

近些年来，欧美发达国家许多有识之士提倡"慢生活"，强调人们要把握一定的生活节奏，有劳有逸，有张有弛，过简约的生活，而不是把自己的生活安排得满满的；要给自己留下一些生命的空间，不要总是为没有充足的时间去完成该完成的事情而感到焦虑，也不要永远把自己的兴趣爱好和休息时间放在次要位置。

城市生活叫人们无法止步，人们一直生活在持续的加法中。好，还要更好；多，还要更多。其实生活的幸福感并不能完全借由物质的丰裕程度来衡量，拥有更多的财富，更大的房子，更好的车子，未必能带来更多的幸福。人们常常因为拥有得太多，生活太过复杂，反而让自己给控制住了。

现实生活中，许多人的生活方式不是"慢节奏"，而是"快节奏"。他们给自己定下过高甚至不可能实现的目标，为实现目标牺牲了休息时间和兴趣爱好，"流汗又流血，拼劲又拼命"，不惜透支生命和健康，以至处于亚健康状态甚至"过劳死"的边缘。有资料表明，近几年，我国心血管病的发病率急剧上升，特别是中青年冠心病死亡率呈"陡坡"上升趋势。究其原因，生活节奏过快、工作压力过大、生活方式欠健康是主要因素。

生活是需要做减法的，那是一种让生活尽量简单化的状态。说白了，生活要求太高，便会无限复杂起来，生活要不折腾，越简单越好。上升到精神层面，就是要倾听自己内心的声音，懂得化繁为简、享受幸福的能力。当然减法生活也不是一味简约、简单，甚至简陋，而是要寻求一种让生活舒服的适度节制，是用减法来平衡生活，顺应人体节律，慢慢享受生活，还生活一个真实状态。

有人说，只有忙碌才能出成绩，那可不一定。80多岁高龄，精神矍铄、潇洒从容的金庸先生给了我们一个很好的回答，他说："我的性子很缓慢，不着急，做什么都是徐徐缓缓，最后也都做好了，乐观豁达养天年。"

金庸先生学识渊博，著作等身，但他不尚奢华，而是羡慕"且自逍遥没人管"的生活，饮食简单清淡，七八分饱，衣着自然简朴。他说："人要善于有张有弛。武打小说打一会儿，就要吃饭，谈情说爱，不能老是很紧张，要有快有慢。这样对健康很有好处。"徐徐缓缓的他做出了很大的事业。

如果我们把"慢生活"作为一种生活方式，加强计划性，安排好自己的工作，清除掉过高的追求目标和耗时项目，科学地支配时间，从容地休息和运动，无论对提高工作效率还是保障身心健康都不失为明智的选择。

工作超时、压力超载、身体超负，我们不仅得到的来不及享受，反而会如鲜花凋谢般，早早地毁掉了自己的健康。也许我们都还健康着，

所以忽略了很多东西，其实，生命有时很脆弱，一不小心，就被它轻易背叛了。

其实，人生不能太满。太满便没有空间去享受生活，过简单生活，主动摒弃一些东西是种成熟的心态，那是因为我们知道自己要什么而不要什么了。不想做的事情拒绝，不想交的朋友舍掉，不想挣的钱不要……还原生活的本真，真实体验生活中的自由、轻松和属于生命自身的意义。有节奏地适当放慢脚步，给生活多做减法，生活才会从容，我们的身心才会舒畅。

减少并不意味退步，只是做了合理的减法，化繁为简了。化繁为简做减法也不是懒惰得不思进取，而是主张剔除生活中可有可无的负累，不被名利所左右，不被物欲所驱逐，不让生活终日忙忙碌碌，不让健康跟不上我们的步伐。

放慢节奏，从容生活，我们才有可能创造健康、辉煌的人生。如果我们能掌控生活的速度，知道什么时候可以放下，什么时候要加快脚步，什么时候必须驻足，什么时候又该跃起，我们就不会因为一路快跑追赶而忽略了道路两旁美丽的风景和本该细细品尝的生活滋味，也不会因为忘了停下脚步而错过了身旁关怀的眼神和暖暖的爱意。如果你同意生命中有比急着完成某件事还更重要的事情，就请放慢脚步，倾听内在的声音，给你的生活做减法吧。

不管事情怎么样，总要保持率性

一个人活着的目的不是要让别人认可，而是要发现、创造和享受自己的快乐。享尽人生年华，这才是一个人真实的价值所在。

提倡按他人的标准生活，为取得他人的认可而活，追求所谓社会价值的实现，可以说是现代整个社会文化模式所塑造出来的人生价值观。这种价值观使人们放弃自己人性的快乐，而去追求他人的认可，成为其他人评价、态度和脸色的奴隶或木偶，被他人的意愿所控制。

按照别人的标准生活的结果，必然会使一个人莫衷一是。因为他人或社会的标准是千奇百怪的，满足了这种标准，就不能满足另外一些标准，得到了这一部分人的认可，就会失去另一部分人的认可。一个人不可能满足周围所有人的要求。

树立榜样，表扬、赞美与奖励，批评、指责与处罚，是整个社会文化的行为模式。作为个人，我们的思想和行动，没有必要完全受这个模式的控制。只要我们愿意，我们完全可以按照我们自己喜欢的模式去思想和行动，率性而为，活出本真。

"率性之谓道"是《中庸》中的一句话，它是顺着"天命之谓性"而来的。所谓"率性"是指天所命于人之性，使人对于日常事物皆能合乎当然的规范。在《中庸》的作者看来，人只要能遵循天所赋予人的人性，也就能够合乎自然之理，这是人在现实的社会生活中应该选择的道路。

当一个人率性而为的时候，他自然就会从实质上去理解别人，尊重别人，而不是简单地去按照别人的标准做，也不是简单地让别人按照自己认可的标准去做。只有在这种情况下，一个人才会得到真正的快乐。因这一出发点而导致的给他人带来的快乐和他人对我们的认同是自然而然的事情，但那并不是我们的追求。正如太阳照亮了地球，不是因为它想要照亮地球，而是因为它本身在燃烧。

伊笛丝·阿雷德太太从小就特别敏感而腼腆，她的身体一直比较胖，而她的一张脸使她看起来比实际还胖得多。伊笛丝有一个很古板的母亲，她认为把衣服弄得漂亮是一件很愚蠢的事情。她总是对伊笛丝说："宽衣好穿，窄衣易破。"而母亲总依这句话来帮伊笛丝选衣服。所以，伊笛丝从来不和其他的孩子一起做室外活动，甚至不上体育课。她非常害羞，觉得自己和其他的人都"不一样"，完全不讨人喜欢。

长大之后，伊笛丝嫁给一个比她大好几岁的男人，可是她并没有改变。丈夫一家人都很好，也充满了自信。伊笛丝尽最大的努力要像他们一样，可是她做不到。他们为了使伊笛丝开朗而做的每一件事情，都只能令她更退缩到她的壳里去。伊笛丝变得紧张不安，躲开了所有的朋友，情形坏到她甚至怕听到门铃响。伊笛丝知道自己是一个失败者，又怕她的丈夫会发现这一点，所以每次他们出现在公共场合的时候，她都假装很开心，结果常常做得太过分。事后，伊笛丝会为这个难过好几天。最后，她不开心到觉得再活下去也没有什么意思了，伊笛丝开始想自杀。

后来，是什么改变了这个不快乐的女人的生活呢？只是一句随口说出的话。这句话，改变了伊笛丝的整个生活，使她完全变成了另外一个人。

有一天，她的婆婆正在谈她怎么教养她的几个孩子，她说："不管事情怎么样，我总会要求他们保持率性。"

"保持率性！"就是这句话！在一刹那之间，伊笛丝才发现自己之所以那么苦恼，就是因为她一直在试着让自己适合于一个并不适合自己的模式。

伊笛丝后来回忆道："在一夜之间我完全改变了。我开始保持率性，我试着研究我自己的个性，自己的优点，尽我所能去学色彩和服饰知识，尽量以适合我的方式去穿衣服。我主动地去交朋友，参加了一个社团组织——起先是一个很小的社团——他们让我参加活动，把我吓坏了。可是我每一次发言，就增加了一点勇气。今天我所有的快乐，是我从来没有想到可能得到的。在教养我自己的孩子时，我也总是把我从痛苦的经验中所学到的结果教给他们：不管事情怎么样，总要保持率性。"

《易经》中一有句话说得好："君子安其心而后动，易其心而后语，定其交而后求。"宇宙之大对于我们每一个人都是相同的，关键在于我们是否以宇宙为空间，在自己的支点上站得住。率性而为是一种自守，以宁静的心态面对纷繁的生活，以平常的心态对待不平常的事情，以安静的心态对待嘈杂的外界，以平和的心境处理世态的变迁。"无欲自然心如水，有营何止事如毛"，道理就是这样直白。

率性而为，不是自暴自弃，追求享乐，而是充分利用时间，去学习，去提高，去休息，去娱乐，去享受无论是数字、文字，还是音乐、画作，抑或是图像、友情带给我们的各种快乐。

率性而为，不是放任自己的过失，而是勇于面对过去，面对失败，无视那些失败带来的自卑感，以自己最强的自信心迎接未来的挑战。

率性而为，不是一味地向往美好未来，而是做好迎接未来的各项准备。

率性而为，不是安于天命，不思进取，而是刻苦用功，不畏困难，无视那些不理解的目光，以自己最大的能力奋发向上。

率性而为，不是肆意妄为，不是懒惰无为，而是向着自己的理想，努力拼搏，无视那些挫折、困苦、失败，以自己最大的努力向理想前进。

 ## 多想想自己拥有什么

虽然没有别人那么潇洒，但我们可以活得踏踏实实；没有别人自由自在，我们有更多的时间来学习和提高；没有别人那么有钱，我们也不会陷入灯红酒绿之中……

人生就是一段旅途，生和死分别是这段旅程的起点与终点。人生的路，重要的不是拥有什么，到了旅途的终点，什么也带不走。人生路，重要的是经历、心境与感悟，很多事没有什么大不了。

常常听到周围的人抱怨，活着真累，做人有太多的愁苦忧烦。的确，因为无穷无尽的欲望总难以满足，失望与忧伤时常向我们袭来。为了生活得更加美好，许多人不得不四处漂泊，流着汗默默地辛苦工作。尽管如此，困惑与烦恼依然与我们结伴同行。而通往幸福的道路更是扑朔迷离，我们在莫测变幻之中倘若没有足够的聪明才智权衡利弊得失，就可能会在不经意中摔跟头。

每个人都有各自的欲望，人的欲望又是永无止境的，俗话说："猛兽易伏，人心难降；豁壑易填，人心难满。"而生活所能提供给欲望的满足却又总是有限的，于是因为欲望多多，不少人虽然每天食有鱼穿名牌住靓宅行有车，但是依然体味不到生活的欢乐。人生中的祸事又大多是由于不知足引起的，唐人李群玉在《钓鱼》一文中如是说："须知香饵下，触口是钓钩。"那些贪食贪财之人，还不是在欲望的钩子上败走麦城？

正如老子在《道德经》中所言的："甚爱必大费，多藏必厚亡。故知足不辱，知止不殆，可以长久矣。"

在爱迪生 70 多岁的时候，一场大火把他几十年的财产包括房屋烧得一干二净。他的儿子在失火的时候，四处寻找父亲，终于在不远处看到了爱迪生。火光映着爱迪生苍老的脸，他的白发和胡须在火光中随风飘动，他默默地注视着无情火苗吞噬着自己多年的心血，他的儿子要把他拉开，爱迪生却对他儿子喊道："快去叫你母亲来观看这罕见的场面吧！恐怕她以后再也没机会见到这壮观的景象了，让我们的过失都被烧得一点不留吧！真好，我们有了重新开始的机会。"一年后，他的又一项重要的发明留声机问世了。

智者如爱迪生那样的人，对得失淡然视之，没有什么是大不了的。因为失去的永远不会再回来，得到的也不可能永远是自己的，轻松快乐地生活，努力地为事业奋斗，何乐而不为呢？愚者心中背负着太多的包袱——金钱、地位等东西，所以生活得很累，得到的他们怕失去，没得到的他们想得到，使自己成为名和利的奴隶，永远无法快乐。

有一位青年，老是埋怨自己时运不济，发不了财，终日愁眉不展。

这一天，走过来一个须发皆白的老人，问道："年轻人，为什么不快乐？"

"我不明白，为什么我总是这么穷。"

"穷？你很富有嘛！"老人由衷地说。

第6章 有一颗超脱心，你会更淡然

111

"这从何说起？"年轻人问。

老人反问道："假如现在斩掉你一个手指头，给你1000元，你干不干？"

"不干。"年轻人回答。

"假如斩掉你一只手，给你10000元，你干不干？"

"不干。"

"假如使你双眼都瞎掉，给你10万元，你干不干？"

"不干。"

"假如让你马上变成80岁的老人，给你100万元，你干不干？"

"不干。"

"假如让你马上死掉，给你1000万元，你干不干？"

"不干。"

"这就对了，你已经拥有超过1000万元的财富，为什么还哀叹自己贫穷呢？"

老人笑吟吟地问道。青年愕然无言，突然什么都明白了。

亲爱的朋友，如果你早上醒来发现自己还能自由呼吸，你就比在这个星期中离开人世的人更有福气……想想这些，还有什么大不了的呢？

有的人总是感觉自己不快乐，没有别人那么潇洒，没有别人自由自在，没有别人那么富有，拥有的比别人少。可是，我们不是也像那个青年一样吗？我们有健康的身体，我们有良好的素质，我们有丰富的知识，我们有独特的想法，我们哪点比别人差呢？我们哪点比别人贫困呢？虽然没有别人那么潇洒，但我们可以活得踏踏实实；没有别人自由自在，我们有更多的时间来学习和提高；没有别人那么富有，我们也不会陷入由此而生的钩心斗角之中。一样的朝阳，一样的天空，一样的人们，我们不比谁差，我们一样富有！人生中总是有许多不如意，成功的路上也会有许多的坎坷，但只要我们的心中充满快乐，珍惜现在所拥有的一切，我们拥有的就已经足够多了。

要想战胜一切，就必须乐观再乐观

尼采说："受苦的人，没有悲观的权利。一个受苦的人，如果悲观了，就没有了面对现实的勇气，没有了与苦难抗争的力量，结果是他将受到更大的苦。"

在人生的旅途上，谁不是一路刀光剑影艰难前行呢？谁不是风雨兼程日夜奔波呢？谁又没有面临过逆境呢？其实，很多困难和逆境只存在于你自己的心中，你只需要乐观一点，大胆地打破自设的心理牢笼，你会发现很多事本没有想象的那么难。要知道，在这个世界上，没有绝望的处境，只有对处境绝望的人。

不管你是谁，记住一句话：人生从什么时候开始都不算太晚，关于过去，都是浮云，关于未来，都是未知。我们没有时间纠结于过去或停滞不前，也无法预测未来的路，能做的只能一步一步往前走，深一脚浅一脚，不知道还会发生什么事情，也许是鲜花和掌声，也可能是狂风暴雨，这些都无法得知。但是，我们务必要做好心理准备以面对随时会出现发生的一切，特别是在灾难不请自来时，我们要学会乐观一点，接受一切，坦然面对。

曾经听说过这样一个故事：一位旅人，某日行至险峻山道，不慎失足跌下山崖，空谷山风刮耳而过，求生的本能让他抓住了一根悬于崖壁的枯藤，幸免于难。正当他惊魂未定之际，天哪，头顶上有一只硕大的山鼠正在啃噬那一根救命藤，底下是一片"深不知几千几万尺"的漆黑，恐惧让他闭上了眼。但他是个勇敢的旅人，从小受过最优秀的训练，恐惧只是在一瞬间袭过他的全身，紧接着他便开始正视自己的处境，环顾四周，无处落脚。他想：对一个钟情于山水的人来说，这未尝不是一个好的归宿，至少人生的最后一刻也活得相当刺激，而奔波一生所求的不过于此。如此，他便悠然起来，甚至对旁边一株红得亮丽妖艳、几乎与他的窘迫境况形成反讽的野莓产生了兴趣。"将死而尚有秀色可餐，岂不快哉！"就在他准备品尝这人生最后的滋味时，奇迹竟然出现了：伸手间，蓬松的野莓枝叶下，一块足以立身的山石突兀而出……

如果把困难比喻成一座山，你躺在山下哀号，那么山将高不可攀，你永远无法抵达山巅，因为你一直在仰视它。要想战胜困难，你就无须顾盼，只要踏踏实实一步一个脚印往上登山。一路上将有流泉飞瀑、虫鸣鸟唱为你伴奏，还有翠树红花、紫岚白云与你同行。哪怕山路蜿蜒，崎岖跌宕，你又何所惧？

很多时候，人并没有那么轻易陷入绝境，自断其路的是我们悲观的心。古人云："人生不满百，常怀千岁忧。"可见，人是自烦自扰的动物。假如我们像那位旅人一样，能够适时适地换一种想法，"人生无非几十年，有花堪折直须折"，好一种人生境界，潇潇洒洒来去无牵挂，岂不痛快！或者"人生无非几十年，赤膊拼将阎罗去"，那又是另一种壮烈慷慨，酣畅淋漓。

没有谁是天生的弱者，但是为什么大多数人不能成为强者呢？为什么很多看上去很强的人在逆境的旋涡中苦苦挣扎而毁灭或无奈地走向平庸了呢？成为强者和沦为弱者的分别在于——是否能够乐观地应对一切，尤其是逆境。一个人无论遭遇怎样的逆境和厄运，一定不能轻易绝望，掩埋自己的理想。要知道当你渴望并且付出努力想要战胜一切的时候，整个宇宙都会为你开路。

有一位日本武士，名叫织田信长。有一次，在面对实力比他的军队强十倍的敌人时，他决心打胜这场硬仗，但其部下却表示怀疑。织田信长在带队前进的途中让大家在一座神社前停下。他对部下说："让我们在神面前投币问卜。如果正面朝上，就表示我们会赢，否则就是输，我们就撤退。"部下赞同了织田信长的提议。织田信长进入神社，默默祷告了一会儿，然后当着众人的面投下一枚钱币。大家都睁大了眼睛看——正面朝上！大家欢呼起来，人人充满勇气和信心，恨不能马上就投入战斗。

最后，他们大获全胜。一位部下说："感谢神的帮助。"织田信长说道："是你们自己打赢了战斗。"他拿出那枚问卜的钱币——钱币的两面都是正面！

这个故事告诉我们：一个人要想赢得人生，战胜一切，就必须乐观再乐观，否则很快就会被沮丧、自卑、抱怨磨灭意志，而人生很有可能被失败的阴影遮蔽了它本该有的光辉。

有些困难其实根本没有想象中那么巨大。如果我们能用积极的心态从正面看问题，乐观地对待人生，乐观地接受挑战和应付麻烦，很多问题将不是问题。尼采说："受苦的人，没有悲观的权利。一个受苦的人，如果悲观了，就没有了面对现实的勇气，没有了与苦难抗争的力量，结果是他将受到更大的苦。"

第7章
有一颗宽容心，你会更心宽

"世路崎岖，人情反复。行去不远，需知退一步之法，行去得远，务加让三分之功。"人世间的人情冷暖变化无常，人生道路也是崎岖不平的。心宽，天地就广，世界只在一心间。宽容是一种美德，宽容别人的同时，你也在给自己的心灵让路。

心变宽了，天地会变大

　　人生苦短，不要与生活计较，不要太看重得失。得与失只是一个过程，只是生活的一种态度。如果你太在乎了，就会陷入得到和失去的纠缠中；如果你看淡了、心宽了，就从得到与失去中解放出来了。

　　人生在世，会遇到各种纷繁芜杂的问题，怎么样来处理这些问题，这才真是个问题。一个人最可怜的是无知，最可悲的是浅薄，最可贵的是有一颗宽容的心。雨果曾说过，世界上最宽广的是海洋，比海洋更宽广的是天空，比天空更宽广的是人的胸襟。一颗宽容的心，需要的就是宽广的胸襟。宽容是人生的大智慧，由此，人们才能够修身养性，安身立命。

　　人的认知能力有限，对很多事情往往不能看得全面透彻，于是难免会心存偏见，被偏见所蒙蔽。所以，要想根除偏见，就要首先根除狭隘的思想，放宽自己的视野。只有远离偏见，才有人与内心的和谐，人与人的和谐，人与社会的和谐。宽容别人，其实也是给自己的心灵让路。

　　有一个人被判入狱，他的牢房特别的狭小，住在里面很拘束，不自在又不能自由地活动，他的内心充满了愤恨与不平，倍感委屈和难过，觉得住在这么一小间牢房里简直就是人间炼狱。他每天就这么怨天尤人愤愤不平地过着，每天他都觉得是一种折磨，他不停地在抱怨命运对他的不公。有一天，这间小小的牢房里飞来一只苍蝇，嗡嗡叫个不停，到处乱飞乱撞，他想：我已经够心烦的了，再加上这只讨厌的苍蝇，实在是一分钟都难待下去。他决心要把这只苍蝇捉住扔出去。他小心翼翼地去抓苍蝇，无奈苍蝇太灵敏，他费尽心机都没能抓住，他不由得感叹，自己的牢房真不小，居然连一只苍蝇都抓不到，可见这里蛮大的嘛。

由此，我们悟出一个道理，原来心中有事世间小，心中无事天地宽啊。胸襟宽阔的人，纵然住在一个狭小的阁间里，亦能往来折冲，把小小阁间变成大千世界；一个心量狭小、不满现实的人，即使住在摩天大楼里，也会感到事事不能称心如意。所以，我们不要过于计较环境的好与坏，而是要注意内心的力量与宽容。

人生之路并不是一帆风顺的，我们所走过的路，所经历过的事都是没有办法去改变的。我们唯一能改变的就是自己的心态，以一颗宽容之心来对待所经历过的人和事。有这样一句话：上天是很公平的，给了你美貌，也给了他人才智。人生苦短，不要与生活计较，不要太看重得失。得与失只是一个过程，只是生活的一种态度。如果你太在乎了，就会陷入得到和失去的纠缠中；如果你看淡了、心宽了，就从得到与失去中解放出来了。

清代康熙时，当朝大学士张英是安徽桐城人。老家要起房造屋，为争地皮，与邻居发生了争执。张家人便修书京城，要张英出面干预。这位大学士到底见识不凡，看罢来信，立即做诗劝导家人："千里家书只为墙，让他三尺又何妨？万里长城今犹在，不见当年秦始皇。"张家人见书明理，立即把墙主动退后三尺；邻居家见此情景，也把墙让后三尺。这样，两家的院墙之间，就形成了六尺宽的巷道，成了有名的"六尺巷"。事情就是这样：争一争，行不通；让一让，六尺巷。

俗话说：退一步海阔天空。经历太多的挫折，走了太远的路，心灵和身体都落了许多灰尘，这时候，我们就应该学会自己打扫，拂去尘埃，放宽心态，使黯然失色的心灵闪光，使自己焕然一新。我们要把一些无谓的痛苦扔掉，毕竟今天会过去，明天又是崭新的一天。如果紧紧抓住不快乐的理由，无视快乐的理由，心永远放不开，我们的心就不会感到舒服。我们要学会宽容，学会放下，分享别人的快乐，心有多宽，天地就有多宽。

歌德有一天到公园散步，迎面走来了曾经对他的作品提过尖锐批评的评论家，这位评论家在歌德面前高声喊道："我从来不给傻子让路！"

歌德却克己忍让，幽默地答道："而我正相反！"一边说，一边满脸笑容地让到一旁。歌德的忍让避免了一场无谓的争吵，也显示了自己的心胸和气量。

容与忍往往是统一的。这不是懦弱，而是以退为进，在容忍中寻找解决问题的最佳方案。宽容是一种理性，宽容是一种智慧，它能体现一个人的修养和气度，它能反映一个人驾驭局面的能力。宽容更是一门生活的学问，懂得宽容的人自然也懂得生活，懂得宽容的人，也就懂得了快乐。人们用宽容的心态去生活，心变宽了，天地也会大了，心变宽了，很多事情都会变得简单而轻松。

三伏天，草地枯黄了一大片。"快撒点草籽吧！好难看啊！"一个孩子说。

父亲挥挥手说："随时！"

中秋，父亲买了一包草籽，叫孩子去播种。秋风起，草籽边撒边飘。"不好了！好多草籽都被吹飞了。"孩子喊道。"没关系，吹走的多半是空的，撒下去也发不了芽。"父亲说，"随性！"

孩子撒完草籽后，发现飞来几只小鸟啄食他刚撒下的草籽。"要命了！草籽都被鸟吃了！"孩子急得要命。"没关系！草籽多，吃不完！"父亲说，"随遇！"

半夜一阵骤雨，孩子早晨冲进卧房大喊："这下真完了！好多草籽被雨水冲走了！""冲到哪儿，就在哪儿发芽！"父亲说，"随缘！"

一个星期过去了。原本枯黄的地面，居然长出许多青翠的小草苗。一些原来没有播种的角落，也泛出了绿意。

孩子高兴得直拍手。父亲点头："随喜！"

"随时、随性、随遇、随缘、随喜"概括了多少自然规律、多少人生智慧！一切自然随意，不为名利所扰，人生中就不会有那么多的东西可以让你寝食难安、愁眉不展。心宽天地广，世界只在一心间。

第7章 有一颗宽容心，你会更心宽

宽容别人才能被别人包容

宽容是一种智慧，是一种以博大的胸怀为基础的智慧。不肯宽容的人也难被人宽容，听不进逆耳之言的人会成为人人唯恐避之不及的孤家寡人。

一个人的心胸有多大，他的舞台就有多大；宽容有多少，他拥有的就有多少。宽容的人，更能得到别人的帮助和尊重；宽容的人，会因为谦和的姿态避免成为别人的攻击目标；宽容的人，有着更加和谐的人际关系，从而使自己的生活、工作、事业顺风顺水。

宽容是一种智慧，是一种以博大的胸怀为基础的智慧。不肯宽容的人也难被人宽容，听不进逆耳之言的人会成为人人唯恐避之不及的孤家寡人。孔子说：己所不欲，勿施于人。宽容，正是充分考虑了他人的利益，考虑了大局的利益，自己的利益也尽在其中。老子说"夫唯不争，故天下莫能与之争"就是这个道理，这不正是大智慧的表现吗？

宽容是伟大的仁慈，是一种博大的胸怀。在生活中，如果我们受到了不公正的待遇或是其他人做错了什么事情，不要生气，不要发怒，而要学会宽容地对待他人。宽容是一种沟通、一种美德。生气和愤怒是人类最大的恶习之一，它是在用别人的过错惩罚自己，是一种徒劳无功的、百害而无一利的活动。因为宽容，人们能为自己消除一些烦恼，为人生增添一些色彩。对抗只能是两败俱伤，只有宽容才能使人们获得共赢。

在竞争激烈的现代社会，人们之间有磕碰是在所难免的，我们在社会交往中，吃亏、被误解、受委屈一类的事也是经常发生的。作为个人来说，没有人愿意这样的事情发生在自己身上，但一旦发生了，最明智的选择就是宽容。宽容不仅仅包含着理解和原谅，更显示出气度和胸襟。你宽容的是别人，带给自己的却是快乐。往往有时候因为你的宽容能改变别人的一生。

一个孩子由于从小父母离异，谁都不去管教他，他就经常和社会上的一些不良少年搅和在一块，养成了很多不好的习气。

一天，放学后他走到学校门口，看见路边摆了一个书摊，前面挤满了人。小孩子平时都很喜欢看一些图画书、故事书，于是他也挤进去看看卖些什么。书摊卖的全是花花绿绿的小人书，很多都是他以前没有看过的。对于小孩子来说，小人书是最吸引人的，很多人都掏钱把书买走了。他也想买一本，可是一掏口袋，发现自己没钱，身上的钱昨天花在了游戏室里。这可怎么办好呢？如果现在回去拿钱，再来恐怕就卖完了，他很是伤脑筋，不知如何是好。这时候，一个念头闪进了脑海：偷！

于是他装作要买书的样子，拿起那本他想要的书翻了翻，趁摊主大爷给别人找钱的时候偷偷塞进了书包里。他转身想赶快离开，突然一个声音响起："大爷，他偷了你的书！"刚才站在他身边的一个男生看见了他的动作，他吓出了一身冷汗，怔在那里，脸一阵红，一阵白。

他正在那里不知所措呢，听见摊主大爷说："哦，同学，你误会了，他是我孙子。"那个男生疑惑地看了看他，没再说什么。他顿时有些傻眼，大爷又说："你先回去吧，叫奶奶先做饭，我一会儿就回去。"他知道，大爷是帮自己解围，并告诉自己离开。可是他并没有离开，而是躲在一个角落里，直到摊主大爷收摊回家。他很想跑过去，向大爷说声对不起，可是他丧失了勇气。他知道，摊主大爷宽容了他。从那以后，他再也没有偷过东西。

多年以后，当摊主大爷快要忘记这件事情的时候，他突然收到一个厚厚的包裹，里面全是书，每本书上面都写着同样一句话："赠给改变我一生的人。"还有一封信，信上说："大爷，您好。我就是当年偷您小人书的那个孩子，您以无限的胸怀宽容了我，您是改变我一生的人。如果您不介意，我想叫您一声爷爷。从那以后，我再也没有偷过东西，现在我有了自己的工作，为了报答您对我的宽容，我想寄一些书给您，但是这些书又

怎么能够报答您对我的恩惠和宽容！"

这就是宽容的力量。宽容是人和人之间必不可少的润滑剂。它和诚实、勤奋、乐观等价值指标一样，是衡量一个人气质涵养、道德水准的尺度。宽容别人是对对方的一种尊重、一种接受、一种爱心，有时候宽容更是一种力量。

学会宽容的人能为他人送去一缕阳光，使他人从黑暗的深渊爬出来。"人非圣贤，孰能无过，过而改之，善莫大焉。"当别人犯错时，我们要以宽容的心态来审视别人的错误，谅解别人的无意过失，接受别人诚恳地认错。

相传古代有位老禅师，一日晚上在禅院里散步，突见墙角边有一张椅子，他一看便知有人违犯寺规越墙出去溜达了。老禅师也不声张，走到墙边，移开椅子，就地而蹲。少顷，果真有一小和尚翻墙，黑暗中踩着老禅师的脊背跳进了院子。

当他双脚着地时，才发觉刚才踏的不是椅子，而是自己的师父。小和尚顿时惊慌失措，张口结舌。但出乎小和尚意料的是，师父并没有厉声责备他，只是以平静的语调说："夜深天凉，快去多穿一件衣服。"

小和尚深受感动，从此再也没有偷溜出去。

我们可以想象听到老禅师的话后，小和尚的心情，在这种宽容的教育中，小和尚不是为他的错误受到了惩罚，而是由此受到了感化。

 **用宽容浇灭心中的怒火**

你的笑容，足以震撼对方的心灵，你所显露出来的宽容与气度会让对方羞愧于自己的心胸狭窄。

发怒是人在主观愿望与客观事物相悖时所产生的一种强烈的情绪反应，是当事人在想达到目的的过程中某种需要得不到满足，或自己的权益受到干扰、妨碍时所产生的不良情绪，它在程度上可以是不满、生气、愠怒、激愤和暴怒等。愤怒时，人体会调动所有的能量储备，能够迸发出比平时大得多的生理和心理力量，并且常用语言或侵犯性行为宣泄出来。

每个人都有犯错的时候，包括你自己。当你身边的人犯了错误，损害到你的利益时，你发再大的脾气也无济于事，只能让你们关系恶化。发脾气只能让人心存怨恨，往往对其心灵造成了莫大的伤害。

当发生了不愉快的事时，你可以选择暴怒，也可以选择一笑而过。通常这笑容的力量会比暴怒更大。因为，你的笑容，足以震撼对方的心灵，你所显露出来的宽容与气度会让对方羞愧于自己的心胸狭窄。清者自清，浊者自浊。有时候，过多的解释与争执是没有必要的。对于那些无理取闹、蓄意诋毁的人，给他们一个微笑，剩下的事就交给时间去验证吧。

有一百位科学家联合作证，爱因斯坦的理论是错误的。当爱因斯坦知道这件事后，只是淡淡地笑了笑，说：一百位？要这么多人吗？只要证明我真的错了，只要一个人出面作证，我就会改正！

最终，爱因斯坦的理论，经历了时间的考验与认证，而那一百位科学家，就这样被一个笑容击败了。

在你生气或完全失去理智时，千万不要做出任何决定。对物不对人，对事不对人，也是息怒之道。有些人在自己要发脾气时，赶紧离开这个"典型环境"，想一想生活中美好的东西，或者把自己关起来，闭目养神，在寂静中灭掉怒气之火；或者拼命工作、运动，转移注意力；或者伏案疾书，让愤怒化作文字……

民族英雄林则徐，就是一个脾气暴躁的人，有几次差点因为发脾气误了大事。他奉命到广东禁烟前后，为了不因怒气误事，特意在自己的居室和办公场所贴上"制怒"的条幅。每当要发脾气时，一看到这两个大字，他便如同听到了无声的命令，也就慢慢心平气和、三思而行了。

爱发怒的人，总有一种认为应当如此的态度，即他有权利对他人提出要求，生活应当为他提供他所希望如此的或希望得到的东西，如果这种愿望得不到满足时，愤怒就会表现出来。这种人，当他认为不公平的时候，例如，某个小错误被他人指出或纠正，马上就会暴跳如雷。爱发怒的人，往往具有很差的自制力，好像大脑无刹车控制，情绪大起大落，主观意识特强。他们总自以为是，听不进别人的意见，不能接受与其期待相左的事物，一旦不如意，怒气就迸发出来。爱发怒的人，心理上的延缓机制也很差，他需要的是马上的满足，即说要就要，如果不能得到马上的满足，他们的焦虑情绪就马上流露出来，怒气也会接踵而来。

宋代韩琦任军帅，夜里写信时，让一名士兵在一旁端着蜡烛，士兵不小心烧了韩琦的胡子。韩琦用袖子扑灭了，然后像没事了一样继续写信。不一会儿他再看那士兵，已经换了人。韩琦担心其长官会鞭打那名士兵，急忙叫道："不要换人！我让他剔灯，所以才烧了胡子。幸好信没有烧着。"

韩琦有一次花 100 两银子买了一只玉杯，很是珍爱。手下一名官员不小心把它掉在地上打碎了，在座的客人都惊呆了。那名官员趴在地上等着挨罚，韩琦笑着说："东西命中注定是要碎的，你不是故意的，有什么罪过？"

胡子已经烧了，杯子已经碎了，发脾气又有什么用？但这是最使人发怒的事情，韩琦度量过人，把事情看开了，所以遇事胸怀坦荡。

人所以患嗔病，就是没有修养的功夫，遇到逆境时，嗔心一动，马上翻脸不认人，多年的朋友可以转变为仇人，结发的夫妻可能变成冤家对头。此时若懂得"忍"，了解世间一切都是平等、因缘和合的，没有你我、好坏的分别，那嗔的大病就不易生起了。我们可以换个角度思考，难道一切难以解决的问题只要生气就能够化干戈为玉帛吗？那是不可能的，生气唯有增加事态的严重，所以凡事要仔细思量，不可常动怒。

为了控制或减少发火的次数和强度，可以采用几种简单易行的方法。

首先是意识控制。当愤愤不已的情绪即将爆发时，要用意识控制自己，提醒自己应当保持理性，还可进行自我暗示："别发火，发火会伤身体。"其次要承认自我，勇于承认自己爱发脾气，还可向他人求助，使自己逐渐克服这一毛病。再者，反应得体。当受到不公正待遇时，任何人心中都会怒火万丈，但是无论遇到什么事，都应该心平气和，冷静地、不抱成见地让对方明白他的错误之处，而不应该迅速地做出不合理的回击，从而剥夺了对方承认错误的机会。推己及人，凡事要将心比心，就事论事，如果任何事情，你都能站在对方的角度来看问题，那么有很多时候，你会觉得没有理由迁怒于他人，自己的气自然也就消了。最后要宽容大度对人不斤斤计较，不要打击报复，当你学会宽容时，爱发脾气的毛病也就随着那些不愉快的情绪消失了。

分点宽容给他人，留出空间给自己

古人云："有容乃大，无欲则刚。"宽容是一种宽广的胸怀，一种非凡的气度，一种充满了仁爱的无私境界。宽容是中华民族的传统美德，更是我们现代人做人应有的高贵品质。

有句叫作"心如虚空"的哲语，是劝慰人们放空自己的心怀，放下内心的渺小和顽固的主见，让自己的心境清澈透明。人们只有做到这样才能包容万物，才能洞察是非，才能明辨真伪，就像只有不装水的杯子才能装下更多的水，达到真正的心中能容万物，有人有己，有事有物，有天有地，有是有非，有古有今。这是一种有修为的境界。

从古至今，宽容就被圣贤人物乃至平民百姓奉为做人的准则和信条，成为传统美德的一部分，许多懂得宽以待人的人，则被视为育人律己的光辉典范。

俗话说得好，"多个朋友多条路，多个仇人多堵墙"。用宽容做基石，才能为自己铺出一条平坦而又景色宜人的道路。人们在宽容他人的同时也能够获得帮助，为自己除去人生道路的坎坷。海纳百川有容乃大，壁立千仞无欲则刚。一切都源自人的心，心可包容万物，就看自己的心能不能恒定，能不能笃守，能不能宽容。

北朝北齐时代，崔逻官拜左丞相，很受皇帝世宗的器重与礼遇。

崔逻很喜欢荐举人才。他向世宗推荐邢邵担任丞相府的幕僚，并兼管机密政务。世宗因崔逻之推荐，遂征召邢邵。邢邵果然甚得世宗的信赖与器重。

邢邵因为兼管机密政务，所以有机会接近世宗。在言谈之际，邢邵常常贬低崔逻，以致引起世宗的不悦。

某次，世宗告诉崔逻："你总是诉说邢邵的长处，而邢邵却专一述说你的短处，可见他是个庸人。"

崔逻大度地说："邢邵述说我的短处，我诉说邢邵的长处，两人述说的都是真实的事情，这没有什么不对啊！"

崔逻宽以待人，严于律己，他不仅肯定别人的长处，宽容别人的缺失，而且坦然面对自己的缺失，这是何等宽宏的气度！

古人云："有容乃大，无欲则刚。"宽容是一种宽广的胸怀，一种非凡的气度，一种充满了仁爱的无私境界。宽容是中华民族的传统美德，更是我们现代人做人应有的高贵品质。

宽容的行事准则，有其独特的价值，你在宽容别人的同时，也可以让别人感激你，从而拓宽你的交际网络，给你带来更多的收获。要学会宽以待人，正所谓给别人让出一条路，自己也有了转身的空间；否则一意孤行，只会造成"两败俱伤"的后果。

现实生活中存在一些不和谐的现象，比如朋友间的误会，同事间的纠葛，邻里间的纷争，夫妻间的争吵，等等。如果人与人之间能够互相宽容、忍让，那么，这些不必要的误会、矛盾、摩擦就可以避免，世界就充满了和谐，人与人之间就少了隔膜、少了猜忌、少了仇恨。我们应学会宽容，对他人的过失、缺点多一分宽容，多一分关爱，适时地给他人以尊重、理解与帮助，达到沟通协作、融洽关系的目的。

 ## 为他人着想，为自己铺路

认识一个人很容易，但是真正了解一个人却很难。不过，我们只要设身处地地多为他人想一想，做到换位思考，结果就大不相同了。

所谓己所不欲，勿施于人，说的是用自己的心推及别人，自己希望怎样生活，就想到别人也会希望怎样生活；自己不愿意别人怎样对待自己，就不要那样对待别人；自己希望在社会上能站得住、能通达，就也帮助别人站住、通达。总之，从自己的内心出发，推及他人，去理解他人，对待他人。不要将自己的意志强加于人，别人之所以那么想，一定有他的原因，找出那个隐藏着的原因，那你就容易理解别人的难处了。偏见往往会使一方伤害另一方，如果另一方耿耿于怀，那关系就无法融洽。谅解能使原先持偏见者在感情上受到震动，从而他转变偏见。

《传世言》说："凡一事而关人终身，纵确见实闻，不可着口；凡一语而伤我长厚，虽闲谈嬉戏，慎勿形言。"意思是：一件事关系别人终身大事，即使是亲自看到和听到的，也不要开口；一句话损伤自己风度，即使是茶余酒后的笑谈中，也不可妄言。尖锐的批评和攻击，所得的效果往往等于零。相反，努力去理解对方的用意，结局会好一些。

在一个社会里，每一个人都扮演着一定的角色，在交际过程中，人们都是以具体角色出现的。由于人们长期习惯于从自己的角色出发来看待自己和别人的行为，就使认识带有不同程度的片面性。因为角色不同，人际间总是发生冲突，人们不能相互理解，造成交际障碍。要想克服这一障碍，人们就要进行将心比心的努力，即设身处地为对方着想，假设自己处在对方的位置上，会作何感想，这样，就会通情达理地谅解对方的行为和态度。

人心不同，各如其面，所以人们要将心比心。我们喜欢的，别人不一定喜欢；我们认为应该的，别人不一定有同感。认识一个人很容易，但是真正了解一个人却很难。不过，我们只要设身处地地多为他人想一想，做到换位思考，结果就大不相同了。如果你对自己说："假如我处在他当时的境地，我将有什么感受？会做出什么反应？"你就会省去许多时间和麻烦，同时也可以增加许多处理人际交往的技巧。

美国"直销皇后"玫琳凯在谈论人事管理和人际交往时曾经讲述过她自己的一次亲身经历。

有一次，她参加了一堂销售课程，讲课的是一位很有名望的销售经理。他讲得确实很好，既生动幽默又鼓舞人心，玫琳凯非常渴望和那位销售经理握握手。她排了一个多小时的队，好不容易轮到她和销售经理面对面了，销售经理根本没有用正眼看她，而是从她的肩膀望过去，看看队伍到底还有多长，甚至他似乎没有察觉自己正在和别人握手。一个多小时的守候等来的竟然是这种结果，玫琳凯觉得自己受到了莫大的侮辱和伤害。

后来，玫琳凯成立了自己的化妆品公司，她有很多次机会公开演讲，也有很多次机会站在长长的队伍面前，和上百位人士不停地握手。

玫琳凯说："每当我感到疲倦的时候，我总会想起那次令我感到受伤害的情形，然后我马上会打起精神，面带微笑直视握手者的眼睛，我还会说些比较亲近的话，哪怕是几句简短的闲谈，'我喜欢你的发型'或者'你口红的颜色漂亮极了'。我尽可能让对方感受到我的热情和真诚。我一直在极力避免让其他的事情来打扰我。只要是和我握手的人，我都会把他当作那个时候对我最重要的人。"

既然是"人际关系"，我们就不能只考虑自己的立场和感受而忽视他

人的立场和感受，否则我们的所作所为就是"一厢情愿"。设身处地就是一种换位思考，是一种虚拟，从字面上来看，"设身"就是假设自己是当事人本身，"处地"就是处在当事人的地位和情境。

卡耐基说："处理人际关系，就像钓鱼一样，你想得到对方的认同，就要考虑他们喜欢什么，你有什么可以满足他们，并将他们吸引到自己身边来。你想钓不同的鱼，就要投放不同的饵。"请设身处地地为他人着想，当你受伤的时候，别人的心或许也在痛。一句无心的话可能引起一场争斗，一句残酷的话可能会毁坏一个人的生活，一句及时的话可能会平复一场风波、一句充满爱心的话可能会治愈别人的伤口。

为他人着想，为自己铺路。日本的著名企业家松下幸之助总结自己的成功经验时说："我成功的原因就是经常站在对方的角度来考虑问题。"我们要做到设身处地为他人着想，就应该：

多一分理解，少一点矛盾。如果只从自己的角度来考虑问题，世界上那些不如意的事情都可能成为随时引发矛盾的导火线。为什么老板要求这么严格？为什么妈妈那么啰唆？为什么他（她）会拒绝我的好心？如果你接下来的推理不再以自己为中心，把对方当作主语继续说下去，你会发现原来别人有难言之隐，有良苦用心，有为难之处，这样一来所有的问题都将迎刃而解。

多一点信赖，少一点盲目。为别人着想给对方带来的是方便、利益和愉悦，别人自然会把你当作自己人来看待，无形之中就会信任你。而对你自己而言，先前那些盲目、困惑、恼怒……都会由此而消除。

多一分博大，少一腔怒气。也许你还会为一件事情而耿耿于怀，甚至大动肝火，但是因为站在别人的角度上思考问题，你将更加善解人意，更加细心，更加宽容，更加和善，你也会因此而心平气和，一腔怒气消散了，而同时你的人格也得到了升华。

第8章
有一颗仁慈心，你会更善良

　　感恩是一种处世哲学，也是生活中的大智慧。一个智慧的人，不应该为自己没有的斤斤计较，也不应该一味地索取，使自己的私欲膨胀。每天怀有感恩地说"谢谢"，不仅仅使自己有积极的想法，也使别人感到快乐。

 ## 每天都怀有感恩地说"谢谢"

请凡事都感恩吧：好也感恩——理所应当，坏也感恩——亮眼明心，顺也感恩——阳光是美丽的，逆也感恩——成功总在挫折后。

生命是相互依存的，每一样东西都依赖着其他的东西。父母的养育、师长的教诲、配偶的关爱、他人的服务，人自从有了生命起，便沉浸恩惠的海洋里，一个人真正明白了这个道理，就会怀着一颗感恩的心去感知世界。

感恩是无处不在的，并不是谁帮助了你、关怀着你才要感恩。感恩是一种心态，也是一种境界。我们要对恩人感恩，无可厚非，但是不仅仅恩人才值得感恩。生活中一切事物和事情都存在着感恩的情结，父母的恩情、朋友的情谊、恋人的爱情、大自然的一花一木、生活中曲折的境遇、自己的追求和信仰……都需要我们用感恩的心态去感知和对待。人的一生纠缠着很多事情，爱情、亲情、友情、成功、得失、进退、荣辱……总有一些带给你苦痛，总有一些带给你欣喜，苦乐酸甜才是人生。唯有常常感恩，才能时时收获慰藉和幸福。

感恩是一种处世哲学，也是生活中的大智慧。一个智慧的人，不应该为自己没有的斤斤计较，也不应该一味地索取，使自己的私欲膨胀。每天怀有感恩地说"谢谢"，不仅仅使自己有积极的想法，也使别人感到快乐。在别人需要帮助时，伸出援助之手；当别人帮助自己时，以真诚的微笑表达感谢；当你悲伤时，有人会抽出时间来安慰你。这些小小的细节都体现出一颗感恩的心。

滴水之恩当涌泉相报，即使做不到涌泉相报，滴水相报总是人之常情。善待他人即是在善待自己。为他人尽力，即为自己尽力；不帮助他人的人，也不要奢望得到他人的帮助。能帮人处且帮人，能饶人处且饶人。

我的手指还能活动；

我的大脑还能思维；

我有终生追求的理想；

我有爱我和我爱着的亲人与朋友。

"霍金先生，卢伽雷氏症已经将你永久固定在轮椅上，你不认为命运让你失去很多的出路吗？"在一次学术报告后，一名记者对霍金提出这样的问题。霍金的脸上充满微笑，用他还能活动的两根手指，艰难地敲击键盘后，显示屏上出现了上面几段文字。

两根手指和一个能思维的大脑是霍金身上唯一能动的部件。这个人生的斗士，这个智慧的英雄，除了他超人的意志之外还能依靠什么？是爱。没有爱他的人的照顾，卢伽雷病是不会让他活到今天的，也许他在生病之初就与世长辞了。奥斯特洛夫斯基全身不能动弹，但可以说话，才得以口述完成他的巨著。我国史学大师陈寅恪的巨著《柳如是别传》和著名哲学家冯友兰的巨著《中国哲学史新编》，也都是他们在双目失明或双目视物不清的情况下全凭口述而"写"出来的。

成功的喜悦，胜利的光环，常常会令人忘乎所以，但是，我们永远不应该忘记那些帮助过自己的人。所以，这个如今完全可以骄傲地面对人生的人，他在回答完那位记者的提问后，又艰难地敲出了一句话："对了，我还有一颗感恩的心！"

感恩是一个人与生俱来的本性，是一个人不可磨灭的良知，也是现代社会成功人士健康性格的表现，一个连感恩都不知晓的人，必定是拥有一颗冷酷绝情的心，也绝对不会成为一个对社会作出贡献的人。感恩，是一种对恩惠心存感激的表示，是每一位不忘他人恩情的人萦绕心间的情感。学会感恩，是为了擦亮蒙尘的心灵而不致麻木；学会感恩，是为了将无以为报的点滴付出永铭于心。

一头吃饱喝足的大象正在睡觉。突然，它感到身上痒痒的，好像有什

么东西在它的躯体上行走。大象的美梦被打搅了，它睁开惺忪的眼睛，瞅见一只老鼠惊慌地从它身上窜过，不禁勃然大怒，大吼一声，伸出长鼻子就要拍死小老鼠。

老鼠哆哆嗦嗦地哀求道："尊敬的大象先生，求您饶了我吧！我实在是无心之过啊，或许有一天我会报答您的大恩大德的！"

大象听了老鼠的话，情不自禁地哈哈大笑，对老鼠吼道："那我就暂且饶你一命。记住这次教训，尽管你是永远不可能帮助我的！"

老鼠谢了大象后，一溜烟地逃走了。

过了好长时间，大象早就把老鼠的事忘得一干二净，确切地说，它压根儿没把这事放在心上。

一天，大象不小心被猎人们抓住了。猎人们用粗绳子把大象的四只脚紧紧绑住，但是大象实在太重，光靠几个人根本抬不动。于是，他们返回村里去叫人帮助。这一幕恰巧被四处觅食的老鼠看到了，于是，它决定救大象。"您从前曾放过我一次，我说过会报答您的，"老鼠对大象说，"我现在就履行我的诺言，让您重获自由。"

"你能使我恢复自由？"大象诧异地问，"这怎么可能呢？"

"你就等着瞧吧！"老鼠回答。

说罢，老鼠开始用它的利齿啃咬捆着大象的粗绳。最终，绳子一根一根被老鼠咬断了。

大象获救了。

"真是谢谢你啊！"大象激动地对老鼠说。

"我会报答您的，我曾对您保证过，我现在履行了自己的诺言，"老鼠平静地说道，"想当初，您压根儿不相信，您嘲笑我，在您眼中，我一个弱小的老鼠，不可能会帮助您。但事实证明，我做到了。"

大象的一次无心之举，竟使自己逃脱了一次灭顶之灾，这是它万万想不到的。你对我有情，我就会对你有义，聪明的人都会多做善举。在这个世界上，谁都有需要帮助的时候，无论他看起来是多么的强大。

土地失去水分的滋润会变成沙漠，人心没有感激的滋养会变得荒芜。

不知感恩的人，注定是个冷漠自私的人。不知关爱别人的人，纵使给他阳光，他也不会释放出自身的热量。知恩图报是一个人应有的品德，人们都应该信守自己的诺言，对于在危急时刻给予我们帮助的人，我们更应该加倍地报答和偿还。这是做人的本分，也是人格的修养。

请凡事都感恩吧：好也感恩——理所应当，坏也感恩——亮眼明心，顺也感恩——阳光是美丽的，逆也感恩——成功总在挫折后。

 ## 帮助别人就是帮助自己

你帮助的人越多，别人越感激你，对你的回报也就越大，你的人生就越有价值。帮助他人就是帮助自己。

法国大文豪雨果曾说："做一个圣人，那是特殊情形；做一个喜欢助人的人，那却是为人的正轨。"中国也有句话是这样说的："小才不知有缘，不懂用缘；中才知有缘，但不善用缘；只有大才，知缘而且善用缘。"这句话同样生动地告诉我们助人是多么的重要，任何事情的发生，都有其必然的原因。有因才有果。

谚语云："送人玫瑰，手有余香。"古人云："积爱成福，积怨成祸。"《论语》说："君子成人之美，不成人之恶。"能予人以快乐者，自己会获得快乐。也许你会说你没有身缠万贯，手握重权，难以有足够的实力帮助别人，其实不然，也许你的一个小小的微笑，一声小小的赞扬，一次小小的帮助，就能改变别人的命运。

这个世界太需要温暖了。不要小看对失意者随口说一句温馨的话语，对跌倒者从旁轻轻伸出扶助的双手，对无望者赋予一个真诚的信任，也许自己什么都没失去，而对一个需要帮助的人来说，这也许就是醒悟、支

持、宽慰。为他人尽力，即为自己尽力；不帮助他人的人，不能奢望得到别人的帮助。你帮助的人越多，别人越感激你，对你的回报也就越大，你的人生就越有价值。帮助他人就是帮助自己。

在一场激烈的战斗中，上尉忽然发现一架敌机向阵地俯冲下来。照常理，发现敌机俯冲时要毫不犹豫地卧倒。可上尉并没有立刻卧倒，他发现离他四五米远处有一个战士还站在哪儿。他顾不上多想，一个鱼跃飞身将那个战士紧紧地压在了身下。此时一声巨响，飞溅起来的泥土纷纷落在他们的身上。上尉拍拍身上的泥土，回头一看，顿时惊呆了：刚才自己所处的那个位置被炸成了一个大坑。

助人是一种高尚的行为，就像阳光一样，无私地普照着大地，让每一个热爱生活的人都能感受到温暖和灿烂；助人为乐是"此处无声胜有声"的，它只在默默无闻中播撒着美好的种子，让其在每一个受助者的心中发芽开花。

一位行善的老人，去世后想看看天堂和地狱究竟有什么差别。于是，他请求天使在把他带到天堂之前，先带他去地狱看看。

天使答应了他的请求，把他带到地狱。在地狱里，他看见一桌丰盛的晚餐，鸡、鸭、鱼、肉应有尽有。他很惊讶地问天使："地狱的生活也不错嘛，难道生前作恶的人也不用受苦吗？"

天使冲他微微一笑，说："人们之所以受到惩罚，都是他们自己的过错。"老人还是不太理解。

这时，地狱的晚餐开始了。只见一群枯瘦如柴的饿鬼疯抢着坐到座位上，他们每个人拿着一双几尺长的筷子，都在努力试着用这双长筷子夹到美味的食物，但是筷子实在太长了，无论他们怎么努力，也无法把夹到的食物放到自己的嘴里。

老人看着他们，好像明白了什么。这时天使对他说："你看，他们每个人都夹得到食物，却吃不到，你不觉得可惜吗？我再带你去天堂看看吧。"

于是老人跟随天使来到天堂。在天堂里他同样看到一桌丰盛的晚餐，每道菜都和地狱里的一模一样，每个人用的筷子也和地狱里的一模一样。有所不同的是，他们每个人都把夹到的食物喂给别人吃，而自己也不断地品尝到别人喂过来的食物，所以他们每个人吃得都很愉快。

天使说："你不愿意帮助别人，你就生活在地狱里；你助人为乐，你就生活在天堂里。"

在我们的生活中，总会有地方需要别人的帮助。同样，我们身边的人也需要我们的帮助。只有互相帮助，我们才能生活得更美好、更快乐。

被别人需要，是人的一种天性，也能体现出一个人的价值。在某些特定情况下，一个人如果不被别人需要，他的生存也就失去了意义。老子说："尽力照顾别人，我自己就更加充实；尽力给予别人，我自己就更加丰富。"穷则独善其身，达则兼济天下。自然之道的规律是，盈满多余的地方就会自然减少，而欠缺不足的地方会自然增加。所以聪明的人从中得到智慧：当自己满足时，绝不去炫耀，反而会贬损自己；一旦自己多余的时候，就会用多余的东西补给那些欠缺的人。这样贬损了自己，别人也得到了好处，那么人与人之间的关系自然也就好了，自然不会产生什么矛盾。所以，领先一步的人根本没有必要得意，给他人一些帮助，使他人感受到真诚的平等，会得到他人永远的感谢。

富兰克林曾说过，一个人种下什么，就会收获什么。"好风凭借力，送我上青云"。真心助人，赠人玫瑰，手有余香，其回报不言而喻。

 ## 学会感恩，生命将更精彩

"感恩"是一种生活态度，是一种品德。感恩可以消解人们内心的积怨，可以涤荡世间尘埃。感恩是一种做人的原则，懂得了感恩，学会了感恩，每个人都会拥有无限的快乐和一生的幸福。

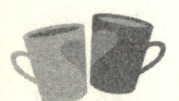

"感恩意味着一种责任。"感恩，说明一个人对自己与他人和社会的关系有着正确的认识；学会感恩，则是在这种正确认识之下产生的一种责任感。没有感恩和报恩，很难想象一个社会能够正常发展下去。学会感恩，人们对许多事情都可以平心静气；学会感恩，人们可以认真、务实地从最细小的一件事做起；学会感恩，人们自发地真正做到严于律己，宽以待人；学会感恩，人们正视错误，互相帮助；学会感恩，人们将不再孤独。

　　"感恩"是一种生活态度，是一种品德。感恩可以消解人们内心的积怨，可以涤荡世间尘埃。感恩是一种做人的原则，懂得了感恩，学会了感恩，每个人都会拥有无限的快乐和一生的幸福。

　　感恩在困境中帮助过你的人，是他们让你坚定了信念；感恩在顺境中忠言提醒你的人，是他们帮你校正了航向；感恩指责你的人，是他们让你知道正人先正己。

　　小草心存对阳光雨露的感恩，一岁一枯荣之后又萌发新绿；雄鹰心存对蓝天白云的感恩，在清寒玉宇中展翅高飞；溪水心存对巍峨高山的感恩，从山涧中低吟下泻；泥土心存对广袤大地的感恩，在田野里散发沁人的芬芳。我们生活在感恩的世界里，感恩生命的伟大，感恩生活的美好；感恩父母的言传身教，感恩老师的谆谆教诲。我们感恩大自然赋予生命的一切恩泽。

　　一只小蚂蚁在河边喝水，不小心掉了下去。它用尽全身力气想靠近岸边，但没一会儿就游不动了，在原地打转，只能近乎绝望地挣扎着。这时，在河边觅食的一只大鸟看到了这一幕，它同情地看着这只可怜的小蚂蚁，然后衔起一根小树枝扔到它旁边，小蚂蚁挣扎着爬上树枝，终于脱险回到岸上。

　　当小蚂蚁在河边草地上晒身上的水时，它听到了一个人的脚步声。一个猎人轻轻地走过来，手里端着枪，准备射杀那只大鸟。小蚂蚁迅速爬上猎人的脚面，钻进他的裤管，就在猎人将要扣动扳机的瞬间，小蚂蚁咬了他一口。猎人一分神，子弹打偏了。枪声惊动了大鸟，它振翅飞远了。

尽管蚂蚁比大鸟弱小许多，但它却用自己的力量帮助大鸟躲过一次杀身之祸。

感恩是一个人该拥有的本性，也是一个人拥有健康性格的表现。在生活、工作、学习中你都会遇到别人给予的帮助和关心，也许你不能一一地回报，但是要学会感恩。

如果你想来表达你对别人或生活的感恩，你可以试着做到下面几条：

养成感恩的习惯。对每一天心存感恩。你并不需要感谢特定的某人，因为你可以感谢生活，感谢今天又是新的一天。

不求回报的小小善意。不要为了私利去做好事，也不要因为善小而不为。行动强于话语，说声"谢谢"不如做一件小小善事来回报别人。

一份小小的礼物。并不需要多昂贵，小小的礼物也足够表达你的感恩了。

公开地感谢别人。在一个公开的地方表达你对他们的感谢，比方说办公室里、在与朋友和家人交谈时、在博客上、在当地的报纸上，等等。

给他们意外惊喜。小小的惊喜可以使事情变得不一般。

对不幸也心怀感激。即便生活误解了你，使你遭遇挫折与打击，你也要心存感恩。你不是去感恩这些伤心的遭遇，而是去感恩那些一直在你身边的亲人、朋友，你仍拥有的工作、家庭，生活依然给予你的健康和积极的心态，等等。

一个懂得感恩并知恩图报的人，才是天底下最富有的人。感恩是一种良知，是一种动力。人有了感恩之情，生命就会得到滋润，并时时闪烁着纯净的光芒。永怀感恩之心，常表感激之情，人生就会充实而快乐。

从善如流，广结善缘

当你尊重别人，别人也会尊重你；你重视别人，别人也会重视你；你礼貌待人，别人也会礼貌待你；你热情待人，别人也会热情待你。

一个人要想别人对自己有所回报，就必须先对别人付出。你善待了别人，生活也会善待你。你无意中做了一点点的善事，有时往往可以让你得到意想不到甚至是十倍百倍于你的付出的收获。即使你失败，也能从中汲取教训，在失败中赢得一份智慧也是一种收获。

中国有句古训："行善积德。"有的人心怀善心，同情弱者，帮其所难；有的人施以善举，慷慨解囊，济人之困；有的人扶善抑恶，挺身而出，见义勇为……这些善行善举，彰显了人们高尚的精神风貌。

当你尊重别人，别人也会尊重你；你重视别人，别人也会重视你；你礼貌待人，别人也会礼貌待你；你热情待人，别人也会热情待你。从别人身上你可以找寻自己的影子，让你更清楚地看到自己的不足并改正和完善。当你身上的某些缺点在别人那里也存在时，你是用怎样的眼光看别人，就会知道别人也是用怎样的眼光看你。你会知道，你在别人心目中占什么分量，是受欢迎还是不受欢迎，这样一来，你便会对别人不经意间的犯错抱一种理解与宽容的态度。

人们总想着得到更多，却从未想过，不付出哪有收获？一些小小的情感付出，于我们而言根本就是轻而易举，举手之劳的事情，为何就那么吝啬，不屑于去做？不管你在人生的舞台上多成功，多有能力，总会有求人的时候。闭门羹我们都"吃"得不少，你把你的大门对别人关上，当有一天你需要别人帮助时，别人的大门也会对你关上。你不要责怪别人，而应

该先检讨一下自己，你善待过别人吗？

一个人能够不为非作歹，而且能够积极去做有益社会的事时，便是一种善行。行善的结果，不仅社会大众蒙受其利，个人也必可获得裨益。具有善良之心的人，多行善举，不仅助人，也能使自己获得快乐。正如一句话所说的："一种纯粹的快乐，只有在行善时才能得到。"

看到需要帮助的人就本能地伸出援手的人，当自己遭遇困难时，通常也会适时地得到援助。这时，一定会有一个人奇迹般地出现，并且会予以"相同的报答"。善行必会衍生出另一个善行，善行终会招来善报。这是这个世上最强劲的连锁反应之一。

胡雪岩是位儒商。有个商人在一次生意中栽了跟头，急需一大笔资金来周转。为了救急，他拿出自己全部的产业，想以非常低的价格转让给胡雪岩。胡雪岩不仅答应了他的请求，还按市场价来购买对方的产业，这个数字大大高于对方愿意转让的价格。

那个商人惊愕不已，不明白胡雪岩为什么连到手的便宜都不占。胡雪岩拍着对方的肩膀让他放心，说自己只是暂时帮他保管这些产业，等到商人挺过这一关，随时可以来赎回这些产业，只需要在原价上再多付一些微薄的利息就可以。胡雪岩的举动让商人感激不已。

胡雪岩还对他的下属讲了一段自己的经历：

"有一次，正在赶路的我遇上大雨。我恰好带了伞，便帮着人家打伞。后来，下雨的时候，我就常常帮一些陌生人打打伞。时间一长，那条路上的很多人都认识我。有时候，我自己忘了带伞也不用怕，因为会有很多我帮过的人为我打伞。"

胡雪岩微微一笑："你肯为别人打伞，别人才愿意为你打伞。那个商人的产业可能是家里几辈人积攒下来的，我要是以他开出的价格来买，当然很占便宜，但人家可能就一辈子翻不了身。这不是单纯的投资，而是救了一家人，既交了朋友，又对得起良心。谁都有雨天没伞的时候，能帮人遮点雨就遮点吧。"

后来，商人赎回了自己的产业，也成了胡雪岩最忠实的合作伙伴。

在那之后，越来越多的人知道了胡雪岩的义举。无论官绅百姓，都对有情有义的胡雪岩敬佩不已。

平时广结善缘的人，有口皆碑，因此一旦有事，无疑大都能够左右逢源，逢凶化吉，能够成就更大或更多的事业，所谓"得道多助"、"吉人天相"，事实上也是有相当的根据的。

罗斯福年轻的时候，曾经在家乡一个大农场里工作。农场主德里斯是个刻薄而吝啬的人。

一次，罗斯福负责的工作出了一点点纰漏，德里斯居然以此为借口，扣发了罗斯福的全部工资。罗斯福气不过，就将德里斯告上法庭，可德里斯提早拉来了农场做工的工人作伪证，罗斯福不仅没有讨到薪水，反而被德里斯倒打一耙，赔了不少的诉讼费。从此，罗斯福和这个农场主结下了怨恨。

20 多年后，罗斯福成了美国总统。这天是周末，罗斯福家来了一位不速之客，他竟是农场主德里斯。

原来，由于经济危机的缘故，德里斯几乎面临破产，他的农场急需资金支持，可是由于德里斯吝啬得出名，没有人愿意为他担保。德里斯借不到钱，实在无奈之际，他才想起当年曾经欺压过的罗斯福。

罗斯福听完德里斯的哭诉，思索一番，完全不顾妻子的眼神暗示，决定为他担保，让他借到了那笔救命的贷款。

德里斯走后，妻子有些生气地说："难道你忘记了他当初怎么对待你的吗？你干吗还去帮他？"

罗斯福慢悠悠地说："假如一个人真的善良，那么善良就是他的天性，这善良不会因为面对的是一个善人或者恶人而改变。面对一个恶人，自己也变得凶恶，这还是真正的善良吗？"

一些调查资料证明，善良的人乐观向上，喜欢微笑，会把时间用在运动等快乐的事情上。而不善良的人常对他人怀有恶意，把时间常放到算计他人上。因此，不善良的人往往比善良人的生活质量低、寿命短。

科学家指出，那些常做好事（善事）的人和心存感恩的人，身体更健

康，更善于化解和应对各种压力和紧张情绪。研究还发现，当人表现出善意举动时，大脑会释放出多巴胺，血液中复合胺的含量也会升高。这两种物质能使人在激动和紧张中平静下来，使人心情愉悦，减轻压力。"爱"、"感激"、"满足"这样的情感，会刺激脑下垂体后叶激素的分泌。该激素会使神经系统放松，压抑感减少，体内各器官组织的含氧量显著增加，脑部和心脏还有同步电流产生，体内各器官的运动更加有效，就像经过一次康复治疗，对人体健康极为有利。

从善如流，使生命得到了无限的延伸，广结善缘，既能恩利自己，也可惠泽一方，何乐而不为？

善恶终有报，只是时未到

只要我们肯付出，终究会得到应有的回报，不必计较等待了多久，不必计较付出了多少。人生不是算术习题，更何况很多时候，一加一的总和经常超过了二！

所谓善恶，"善"指的是诚实、善良、宽厚、和平、无私、廉洁等优良品德，"恶"指的是虚伪、恶毒、刻薄、仇视、自私、贪欲等恶劣品德。"善有善报"是一种客观存在，不管行善者是否有要求，他们都会不知不觉地从今后人生旅途的方方面面中获得幸运。因为经常做善事、行善举的人都有一颗细腻的关怀之心，他们认为能帮助患难的人解决困难、解除痛苦是一种缘分，是一种积德，是一种快乐，更是一种人生价值的体现。因此，他们心里感到踏实、感到满足，心态平衡，精神愉悦。反之，"恶有恶报"也是一种客观存在，因为行恶者心有内疚，心态常处于不平衡状态，终日提心吊胆，吃不香睡不着，自然难以健康快乐。

巴西医生艾伦领导的科研小组在这方面进行了长达数十年的研究，他们对 583 名被指控犯有各种类型错误的人和 583 名声誉良好的人进行了跟踪研究，得出的结论令人吃惊：前者有 60% 的人生病，其中癌症占 53%；心脏病如心肌梗死、心肌炎、心绞痛等占 70%；脑出血、脑梗死等其他病占 30%；有 65% 的人不得善终。而后者只有 16% 的人生病，无死亡记录。艾伦最后认为：这些有污点的人们，心理失衡，长期精神紧张，生活失律，新陈代谢、神经功能、内分泌、消化与排泄功能等紊乱，这些是使他们得病的主要原因。

品德的优劣直接影响人的身体健康。早在春秋时期，孔子就提出"仁者寿"的观点，并多次对弟子们强调："大德必得其寿。"我国是礼仪之邦，儒家讲宽厚爱人，所以对"恶"人的谴责和非难不多；可是，孔子言论的背后明显表现出恶人短寿的观点。历代医学家们都将修身养德作为养生之首务，这不仅是对道德高尚的人的一种赞扬，而且也是对道德恶劣的人的鞭挞和否定。古人的这种观点虽然缺乏临床医学的根据，但肯定是长期观察的结果。

荷兰的一个小渔村里，曾经有位勇敢的少年以实际行动让全世界的人们懂得了什么是"无私奉献的回报"。

那是一个漆黑的夜晚，巨浪击翻了一只渔船，船员们的性命危在旦夕。

他们发出了求救信号，而救援队的队长正巧在岸边巡逻，听见了警报声，便急忙召集救援队员，立即乘着救援艇冲入海浪中。

当时，忧心忡忡的村民们全部站在海边祈祷，每个人都举着一盏提灯，以便照亮救援队回家的路。

一个小时之后，救援艇冲破了迷雾，向岸边驶近，村民们欢声雷动，喜出望外，当他们精疲力竭地跑到海滩时，却听见队长说："因为救援艇的容量有限，无法搭载所有遇难的人，无奈只得留下其中的一个人。"

原本欢欣鼓舞的人们，听见还有人危在旦夕，立刻都安静了下来，所有人的情绪再次陷入不安与慌乱中。

此刻，来不及停下喘息的队长开始组织另一队自愿救援者，准备前去

搭救那个最后留下来的人。16 岁的比尔立即上前报名，他的母亲急忙抓住他的手，阻拦说："比尔，你不要去啊！10 年前，你的父亲在海难中丧生，而 3 个星期前，你的哥哥汉斯出海，到现在也音讯皆无啊！孩子，你现在是我唯一的依赖，千万不要去！"

看着母亲，比尔心头一酸，却仍然强忍着心疼，坚强地对母亲说："妈妈，我必须去，如果每个人都说'我不能去，让别人去吧'，那情况将会怎么样呢？妈妈，您就让我去吧，这是我的责任，只要还有人需要帮助，我们就应当竭尽全力地救助他。"

比尔紧紧地拥吻了一下母亲，然后义无反顾地登上了救援艇，和其他人一起冲入无边无际的黑暗中。

一小时过去了，虽然仅有一个小时，但是对忧心忡忡的比尔的母亲来说，却是无比漫长的煎熬。

突然，救援艇冲破了层层浓雾，出现在人们的视野中，大家还看见比尔站在船头，朝着岸边眺望，岸边的众人不禁向比尔高喊："比尔，你们找到留下来的那个人了吗？"

远远的，比尔开心地朝人群挥着手，大声喊道："我们找到他了，他就是我的哥哥汉斯啊！"

16 岁的比尔秉持着"我为人人"的奉献精神和一份对生命的爱与热情，让我们看见了最灿烂的人性之光。特别是在母亲的哀求声中，他仍然坚持前往救援，最后救回来的人竟是他的哥哥，更让人倍感欣慰。

不求回报之"回报"与善有善报之"善报"是两个不同的理念。"回报"通常指某人为别人做好事或向有困难的人提供资助之后，受助者以物质或其他形式向施助者表示答谢，而"善报"则不是由受助者直接回报施助者，它有着更广泛、更深层次的内涵，它可以说是一种如孔子所说的"以德报德"的良性循环。

有人始终相信：没有付出就没有回报。付出了，生活终究会回报给你。可是，为什么经常会有人觉得自己的付出未得到相应回报呢？

首先，我们对回报的期待太迫切，期望太高。回报有时是长期的，平时，我们的所有付出就等于一种投资，金钱、时间、精力的投资。没有十年如一日的付出与努力哪会有今后的辉煌与成就？我们做事时往往有所期许，可现实给予的往往不是我们所期望的，因此我们便会发出这样的感慨：付出不等于回报。其实，不是回报得不够，而是我们的期待太多。我们需要的是不求回报的踏实态度，这样才能永远生活在满足与快乐当中。

其次，回报的方式与我们所期待的有差异。我们做事，成功了，自当有一份成功的喜悦，即使失败，也能从中汲取教训，甚至会有更大的收获，"吃一堑，长一智"便是这个道理，在失败中得到一份智慧也是一种收获。

第9章
有一颗节欲心，你会更轻松

　　人的欲望如下山猛虎，许多追求"成功"的人在不知不觉之间就成了骑在虎背上的人——想下都下不来，堕入利令智"昏"、财"迷"心窍的"昏迷"状态，最终沦为欲望的奴隶，在名利场上被欲望之鞭任意驱使。一个被名缰利锁所捆绑的人是不自由的。

欲望是一道永远填不平的沟壑

欲望是一道永远都填不平的沟壑，应对不断膨胀的欲望的唯一方法是克制你的欲望，把你的欲望控制在合理的范围内。

俗语云："欲壑难填，做了皇帝想神仙。"欲之不剪就会使心如洪水猛兽，只有用智慧之剪去修剪欲望，才可保一世平安。

叔本华说："欲望过于剧烈和强烈，就不再仅仅是对自己存在的肯定，相反会进而否定或取消别人的生存。"用"上帝的命定"或"天理"来取消或压制欲望是不合理的，但过度推崇与放纵欲望也是愚蠢的。欲望不是纯粹的、绝对的东西，它需要理智的调控与节制，它也绝不可能像有人声称的是文明发展的唯一动力。

"人欲"是一切人类活动的起始，把握这个指引一切的本源，人们将会获得无穷无尽的能量。人是欲望的产物，生命是欲望的延续。然而欲望的有效性与必要性是有限度的，满足不是绝对的，总有新的欲望会无休止地产生出来。由于欲望这种"贪得无厌"的特性，欲望的过度释放会造成破坏的力量。

据说，曹操做魏王的时候，在他的封地有一个乞丐，总是遭到人们的鄙视和欺负。乞丐感到很委屈，他问："天底下有的是乞丐，甚至连魏王也是。可是，你们为什么那么尊敬魏王，却这样瞧不起我呢？"

人们冷笑道："你凭什么说魏王是一个乞丐呢？如果你能够证明给大家看，我们也可以像尊敬魏王一样尊敬你。"

乞丐决定要设法找到魏王，做一个证明。然而，魏王是那样高高在上，而他却是一个乞丐，地位相差如此悬殊，怎么能够接近魏王呢？每当

他试图接近魏王时，魏王的随从们就会把他痛打一顿，然后把他赶走。

功夫不负有心人，乞丐终于找到了一个机会。他发现魏王每天傍晚都会来到王宫附近的僻静小道上散步，于是，他就躲在那里等待魏王。他看见魏王远远地离开了他的随从们，沿着小道独自走来，似乎在苦苦思索着什么。他等待着时机，突然出现在魏王面前。

魏王被吓了一大跳。"你要干什么？"魏王大声地问道。

"我不想干什么，"乞丐说，"我只想讨一点钱。"

原来只是想讨一点钱啊。魏王舒了一口气，然后问："你想要多少钱？"

乞丐说："我只有一只破碗，只要能够装满它就行。"

魏王笑了起来，说："好吧，我答应你。"他唤来了随从，命令他们去拿一些钱来。奇怪的事情发生了，当这些钱倒入乞丐的破碗时，仅仅只停留了几秒钟，就消失得无影无踪。

怎么会发生这样的事情呢？魏王感到非常诧异。他吩咐随从们搬来更多的钱，但那些钱每一次都只能在乞丐的破碗中停留几秒钟，然后就消失得无影无踪。最后，所有的钱都搬来了，所有的钱都在乞丐的破碗中消失得无影无踪。魏王被惊骇得出了一身冷汗，认为乞丐定是一位世外高人或者神仙。

乞丐告诉他："这只破碗是一个填不满的坑，它的名字叫做欲望。因为这个欲望，你我其实都是乞丐。"

高高在上的魏王，居然被一个乞丐引以为同类。虽然他们占有的财富和社会地位不一样，但欲望的状态却是如此惊人的相似。

有个老捣蛋鬼看到人们的生活过得太幸福了，他说："我们要去扰乱一下，要不然捣蛋鬼就不存在了。"

他先派了一个小捣蛋鬼去扰乱一个农夫。因为他看到那农夫每天辛勤地工作，可是所得却少得可怜，但他还是那么的快乐，非常知足。

小捣蛋鬼就想："要怎样才能使农夫变坏呢？"他就把农夫的田地变得很硬，让农夫知难而退。那农夫对着田地劳作半天，非常辛苦，但他只是休息了一下，还是继续劳作，没有一点抱怨。小捣蛋鬼看到计策失败，只好摸摸鼻子回去了。

老捣蛋鬼又派第二个去。第二个小捣蛋鬼想，既然让他更加辛苦也没有用，那就拿走他所拥有的一切东西吧！小捣蛋鬼就把他午餐准备的馒头和水偷走。他想，农夫劳作得那么辛苦，又饿又累，却连馒头和水都不见了，这一下子他一定会暴跳如雷！

农夫又渴又饿地到树下休息，想不到馒头和水都不见了！

"不晓得是哪个可怜的人比我更需要那些馒头和水？如果这些东西能让他温饱的话那就好了。"小捣蛋鬼只好又弃甲而逃了。

老捣蛋鬼觉得奇怪，难道没有任何办法能使这个农夫变坏？这时第三个小捣蛋鬼对老捣蛋鬼说："我有办法一定能把他变坏。"

小捣蛋鬼先去跟农夫做朋友，农夫很高兴地和他做了朋友。因为小捣蛋鬼有预知的能力，他就告知农夫，明年会有干旱，教农夫把稻种在湿地上，农夫便照做。结果第二年别人没有收成，只有农夫的收成满坑满谷，他就因此而富裕起来了。

小捣蛋鬼又每年都对农夫说当年适合种什么，三年下来，农夫就变得非常富有了。他又教农夫把米拿去酿酒贩卖，赚取更多的钱。慢慢地，农夫开始不工作了，靠着贩卖的方式，就能获得大量金钱。

有一天，老捣蛋鬼来了，小捣蛋鬼就告诉老捣蛋鬼说："你看！我现在要展现我的成果。"只见农夫办了个晚宴，喝最好的酒，吃最精美的餐点，还有好多的仆人伺候。他尽情吃喝、衣裳凌乱，醉得不省人事，开始变得痴呆愚蠢。

这时，一个仆人端着葡萄酒出来，不小心跌了一跤。农夫就开始骂他："你做事这么不小心！""哎！主人，我们到现在都没有吃饭，饿得浑身无力。""事情没有做完，你们怎么可以吃饭！"农夫恶狠狠地说。

老捣蛋鬼见了，高兴地对小捣蛋鬼说："你太了不起了！你是怎么做到的？"

小捣蛋鬼说："我只不过是让他拥有比他需要的更多而已，这样就可以引发他人性中的贪婪。"

欲望是不可能被满足的。欲望就是这样一个捣蛋鬼，它让你用各种不同的乞讨方式去占有——任何乞讨方式，无论是赌博、欺骗、哀求以及任何形式的巧取豪夺。贪婪和无止境的欲望是让人变坏、产生恶念的根本原因。我们在努力追求梦想时，不要让这个人性的弱点靠近自己，不要忘了自己最初的本心。

名利乃身外之物，不可一味追求

人生匆匆数十载，功名利禄只是身外之物，只要我们努力前行，真实地面对我们所拥有或将要拥有的一切，你会发现，能满足一个人的可以很多也可以很少。

人想要的东西越多，自己就越觉得匮乏；越是为自己着想，越觉得孤单；思索太多未来的事，反而忽略了现在。而当自己拥有更多的时间和空间并平静下来时，可以更加清楚地看清自己、看清生活，从而更接近自己，聆听自己的心灵，去思考人生的一些根本问题，在这纷扰的尘世中发现自己和生活，找到自己的方向。

人生匆匆数十载，功名利禄只是身外之物，只要我们努力前行，真实地面对我们所拥有或将要拥有的一切，你会发现，能满足一个人的可以很多也可以很少。人生天地之间，转瞬来去，就像是偶然登台、仓促下台的过客一样。人生既然如此短暂，我们就要珍惜人生，不要贪图权势，自酿苦酒。荣誉与权势，都是身外之物，也是水流花谢之物，万万不可一味去追求它们。如果为了争名夺利不择手段，那就无异于害人害己了。这样的人生有何乐趣？

每个人都与名利结下不解之缘，有的人一味地追名逐利，有的人则善待名利。有些人因为贪婪，想得到更多的东西，却把现在所有的也失掉了。的确，许多人在名利场上失掉了理智的指南针，陷入了名利的旋涡，结果越陷越深，难以自拔。

欧阳修和苏东坡是历代推崇的名士，但他们仕途不顺之后写下的名篇，不也是在为自己的怀才不遇而愤懑，为名利上的郁郁不得志而寄情山水吗？今天，当运动员在刷新一项项世界纪录时，科学家在攻克一道道世界难题时，他们难道丝毫没有受到金牌、荣誉和金钱的诱惑吗？不可否认，荣誉与金钱当然有激励作用。正是在名利的驱动下，人类才会不断追求，在追求名利的过程中不断探索与创新。我们生活在名利之中，名利是我们生活的一部分。没有名利的人生是不完整的人生，不图名利的生活是不可想象的。老子所倡导的那种"小国寡民"、没有名利、远离名利的构想是不现实的。世上没有不为名利的超人，只有善待名利的智者。

名利绝不是万恶之源，关键在于你如何面对。如果你把名利看成一切，那么你将迷失自我，名利会成为切断你幸福的利刃；如果你善待名利，将名利作为奋勇进取的动力，那么名利将成为你的风帆，伴你度过征程，送你走向成功。每一杯过量的酒都是魔鬼酿成的毒汁，多一点的贪婪都是幸福的刽子手。善待名利，你将获得彩虹般绮丽的人生。

被康熙誉为"天下第一廉吏"的两江总督于成龙，为官20载，每次升迁离任时，只用坛子装些当地的泥土留作纪念，每日糙米旧衣，形如樵夫，不贪不占不巧取，戒奢戒骄戒招摇。这与"三年清知府，十万雪花银"的腐败的封建社会官场，形成了鲜明对照。他的品德为人所称颂，使当时江宁（今江苏南京）一带一改奢靡之风，以至在其病逝20年后，康熙再下江南时，当地百姓仍念念不忘他的清廉之名。

与此相反的是西方的一个寓言故事：

一天，一个拥有无数钱财的吝啬鬼去牧师那儿祈求祝福。牧师让他站在窗前，让他看外面的街上，问他看到了什么，他说："人们。"

牧师又把一面镜子放在他面前，问他看到了什么，他说："我自己。"

牧师告诉他，窗户和镜子都是玻璃做的，但镜子上镀了一层银子；单纯的玻璃让我们能看到别人，而镀上银子的玻璃却只能让我们看到自己。

有的人的眼睛常常被金钱所蒙蔽，只看到自己而看不到别人。这样的人能够拥有真正的幸福吗？

简朴不同于吝啬，简朴能使一个人慷慨大方地面对社会、面对他人，简朴是一种大美。生活也是这样，面对喧嚣的、物质充斥的社会，人们有时也会向往世外桃源般的生活，但是，能够不断得到的人不多，舍得放弃的人更少。去过那种淡泊恬然的生活，能够说到又做得到的人毕竟不多。

在一般人眼里，总认为金钱越多的人越幸福，金钱越少的人越悲哀。诚然，幸福需要物质保证，但更重要的是要有精神支柱；精神支柱是人整个生命的"心脏"，倘若没有它来支撑，再多的金钱也只不过是一堆纸罢了。金钱并不是幸福的源泉，幸福也不会是金钱的产物。人们只有以崇高的精神和勤劳的双手为基础，才能建造起人生真正的幸福大厦。

大文豪托尔斯泰在他的作品《追求幸福的伊利亚斯》中，就讲述了简朴精神的源泉：

伊利亚斯夫妇出身贫寒，他们立志要追求幸福，因此胼手胝足，努力营生，后来拥有了大量的财富。然而好景不长，由于种种原因家道衰落。富甲天下的伊利亚斯夫妇很快就没落了。到了老年，他们一贫如洗只得去帮佣。好在他们能乐天知命，在雇主家里，反而过着安全幸福的生活。他们曾说过："当我们富有时，有许多事让我们烦心，所以没有时间交谈，没有时间想到灵魂，向上苍祷告。我们忙碌又忙心，也常因浮躁而吵架。现在，我们清晨起来，会彼此说几句恩爱的话，生活平静而不争吵。我们只需要服侍主人，尽心为主人工作。我们工作回来，有晚餐可吃，有乳酒可喝，天冷有燃料可烧。我们有时间闲谈，有时间思考灵魂，也有时间祷告。50 年来我们追求幸福，直到现在才找到。"

俭朴的生活，让我们能更贴近生活，用另外的眼光去打量生活和发现生活中其他的乐趣。少了物质的隔阂，人与人之间、心与心之间、人与自然之间的沟通交流就更多了，我们更能感受自然生活的快乐，心不再向外追逐，而是回归自然，回归自己。

欲望无边，人心要有度

一个人做任何事情都要有个"度"，欲望也是一样。在声色名利上，理智的人往往适可而止，获取的"度"掌握得恰到好处。

大名鼎鼎的石油大王洛克菲勒有一句这样的名言：当玫瑰含苞待放时，须剪掉它周围的花骨朵。这个道理是非常简单的，一枝花才能独秀。富有经验的园丁们都深谙此道，他们很清楚地知道，为了让树木更加茁壮地成长，为了让以后的果实结得更饱满，就必须要忍痛将那些旁枝剪去；如果保留这些枝条，肯定会极大地影响将来的收成。

做人其实就像养花一样，我们与其把所有的精力都消耗在许多没有意义的事情上，还不如看准一项适合自己的事业，然后集中所有的精力，埋下头来好好干，全力以赴，这样才会取得杰出的成绩。

人的名利心与生俱来。人一生下来就面对一个灯红酒绿、五彩缤纷的世界。如贪得无厌，人们会在"人比人气死人"的心理下产生嫉妒；在蝇头微利面前言不由衷；在逢迎拍马中殚精竭虑；为一得而忘乎所以，为一失而灰心丧气……有了这种名利物欲之心，你富了，还会"得一千，想一万"；你名利双收了，还会"昨怜薄袄寒，今嫌紫蟒长"；黄道无缘，你会诅咒命途多舛，宏图受阻，你会哀叹力不从心……从此陷入心力交瘁的泥潭而郁郁寡欢。

贪婪是一种攫取远超过自身需求的金钱、物质财富或肉体满足的欲望。贪婪的个体往往被视为对社会有害，因为他们的动机常忽视其他人的

福利。

贪婪之人永远不知足，他们的欲望永远是个无底洞。具有贪婪性格的人，无休止地在索取，到头来，过去得到的也都将失去。这是为什么呢？因为他要得到他想要的东西，有时会费尽心机、不择手段，甚至走向极端。物极必反，能不付出代价吗？

有一个富翁背着许多金银财宝，到处去寻找快乐，可是找了很久都未能找到他想要的，于是他沮丧地坐在山道旁。

一农夫背着一大捆柴草从山上走下来，富翁拦住农夫问："我家财万贯，衣食无忧，请问，为何我没有快乐呢？"农夫放下沉甸甸的柴草说："你想要快乐？很简单，放下！"

富翁茅塞顿开：自己背负那么多的珠宝，老怕自己被人暗害，珠宝被人抢走，整日忧心忡忡，快乐从何而来？于是富翁将珠宝、钱财救济穷人，在他看到那些穷人欣喜而感激的神情时，他从中尝到了快乐的味道。

有人不使用氧气登上高峰，当他下山后别人问他成功的秘诀时，他郑重其事地说："这没什么秘诀。科学家告诉我们，各种思想在大脑中相互撞击时竟要消耗我们吸入全部氧气的 40%。所以，为了减少对氧气的消耗，我只有向前这个念头，至于其他的任何想法我都把它们从脑子里抛掉。没有任何的杂念，我就等于放下了一个背在身上的巨大的包袱，轻松地向前。这就是我成功的秘诀。"

很多人利欲熏心，陷入你争我夺的境地，快乐从何而来？他们往往心事重重，做梦都半夜惊醒，老疑神疑鬼，心中荫翳不散，快乐又怎么会与他们有缘？放下就是快乐，拨开云雾，卸下心灵的枷锁，在平平凡凡的生活故事中，人们将体会一种轻松如风、畅快淋漓的感动。

在面对名利时，如果一味索取，欲望的沟壑永远也填不满。贪心的人有一个共同特点，那就是忽略了自己的弱点，不顾一切地去满足自己的欲望。这时，即使危险摆在他的面前他也无动于衷，无法看到危险所在。

古时候，有一位国王非常富有，但他还不满足，希望自己更富有。他希望有一天，只要是他摸过的东西都能变成金子。结果他的这个愿望终于实现了。神赐给他一份大礼，只要他伸手摸任何物品，那个物品就会变成金子。他伸手触摸家中的每样家具，家具顿时就变成了黄澄澄的金块。国王高兴极了，美滋滋地命令侍卫将金块装进金库里。

随后，国王就回宫殿与女儿一起吃早饭。长桌上放着咖啡、面包、烤鱼等食品，国王倒了一杯咖啡给女儿，女儿接过杯子惊奇地叫了起来："刚才还是个瓷杯，怎么一下子变成了金杯？"

国王高兴地对女儿说："我已有了点金术！我将成为世界上最富有的人。"他一边说，一边将一勺咖啡送到嘴中，可他的嘴唇刚一触到咖啡，咖啡立刻变成了金液，随即就硬化成一块金子。看到这情形，他不禁大吃一惊。他随手又拿起一片面包，但还没来得及掰开，它已成了金块。国王几乎绝望地拿起一块烤鱼，不用说，烤鱼也立刻变成了金子。

国王十分羡慕地望着女儿津津有味地吃面包和咖啡，就走到女儿面前，一面抚摸女儿，一面请女儿拿片面包给自己吃。突然间，他心爱的女儿也变成了一尊金像。

国王发疯似的大声喊叫："快来人呀！快来救救我的女儿！"

这时，神出现在了国王的面前，说："点金术一定给你带来了许多财富吧？"

国王说："现在我才真正明白，金子不是世界上最宝贵的东西，请给我解除点金术。"

神严肃地说："我看得出来，你的心还没有完全从血肉变成金子，否则就无法挽救了。快去吧！跳进大花园旁的那一条小河，在河中装瓶水，把水洒在你要它变成原样的东西上。如果你真诚地去做，就可以补救你由于贪婪所造成的灾难。"

国王快步跑到河边，连鞋子也来不及脱去就跳进河中，想尽快将点金术解除掉。他带了一瓶河水跑回宫殿，将水洒向心爱的女儿，水一落到女儿身上，他就看到这可爱的孩子双颊又恢复了红润的颜色！

国王拥抱着女儿说："孩子，是爸爸害了你。从今以后，我再也不要点金术了。"

贪欲就像一条锁链，一个牵着一个，永不能满足。贪欲又如同一支火把，点火之后，拿着这支火把逆风而行，火就会愈烧愈大，很快就会烧到手心，若不放手便会烧到手腕，再不放开就会祸及自身。所以，人要学会看淡，舍弃，保持一份淡泊。淡泊，就是要人们超脱世俗的困扰，平淡地看待世间的一人一事，豁达地面对自己的一得一失。如果说贪欲是抓住别人的手，那么淡泊则是守住自己的心。淡泊使人心平如镜，纵使万物入镜，心依然不染尘埃。

在生活中，是什么让我们不能心胸开阔，整日被忧郁、烦恼、焦躁、痛苦所占据？是贪欲。贪欲不仅会为我们带来许多的痛苦及失望，而且它本身含有极大的危险性。所以，我们要放下贪欲心，只有放下贪欲，才能远离痛苦。

学会放下贪欲，首先，要做到信仰至上。人生总会有所追求，一个人如果心中没有远大的目标，势必就会看重眼前的名利。一个人要淡泊名利，无私奉献，总要有肯于为之奉献、为之牺牲的东西。有的人之所以看重名利，计较得失，并不是因为物质生活上更需要，或者因为荣誉感一下子变强了，而恰恰在于理想淡漠了，失去了远大的目标，注意力就落在眼前的名利上了。

其次，要做到控制物欲。名利本身并不是人生追求的最终目的，人们追求名利主要还是为了满足欲望。因此，人们要淡泊名利，无私奉献，必须从根本入手，控制住自己的物欲。俗话说，"世上莫如人欲险"。一个人的物欲越强，他的名利思想也就越强；反之则比较容易淡泊功名，达到"人到无求品自高"的境界。

再次，要做到不攀比。不少人不停地索取、聚敛，并不是自己确定缺少这些东西，而是出于同他人比较后产生的挫折感、失落感、不公平感。因此，一个人要想淡泊名利，就必须学会放弃攀比。

名利不需强求，安然享受即可

名利好像是一双鞋子，是不是舒服，只有脚才会明白。有时候外面看着美人，里面却正经受着痛苦的煎熬，这时，倒不如把鞋子脱了，让脚解放出来来得痛快。

在人生的路上我们要努力致力于远大。志向要高远，目光要长远，不拘泥于世俗纷扰，不拘泥于雕虫小技，不拘泥于蝇头小利。致远，同样离不开坚守正道，离不开友爱他人，奉献社会，如果我们的致远是用来致力于让自己的私利和私欲走得更远，得到更多，那我们很可能会走不了多远就跌入自己设置的人生陷阱中。如果我们做到了有意义的宁静，正确的致远，那宁静以致远也就浑然天成了。

在人生的路上，我们不可能摆脱世俗的纷争和烦扰，但我们可以尽量远离。在这个世间，有太多的人，一头扎进名利的路上而不能自拔，卷入世俗的纷争和烦扰，并且以此为乐。某些人在名利的路上，在世俗的纷争中，不惜抛去亲情，抛去爱情，抛去人性中本应坚守的诸如良善、友爱、公平、正义等美好的情怀，有的甚至拼掉健康和生命却始终无法回头。这其中，有些人成功了，有些人失败了，有些人因得到一点蝇头小利而得意扬扬，耻笑他人，有些人因失去一点蝇头小利，而悔恨难当，懊恼忧愁。

古代有一个王国，国王刚刚登基，外族都不臣服，经常犯边滋扰。于是，国王就召开会议，决定用武力使四夷臣服，进而安定边疆。

国王做好了决定就颁布诏书，民间要是有肯为国出力者，皆有重赏。不出十天有三个年轻人应召而来。高个子的叫若木，善骑术；矮个子的叫宾蒂，善射术；中等个子的叫天定，善于谋略。国王择日让他们三个带领大军开赴边疆了。

日子不多，边疆的喜讯不断传来，三个年轻人屡建奇功。一个月以后，边疆得到了安宁，四夷全都宾服。得胜之师回到都城，国王要给将士论功行赏。

国王对三个年轻人说："有什么要求尽管说！"

若木说："我要做大将军，为您镇守边关！"

宾蒂说："我要做尚书，替您分担国事！"

天定却说："我一不当官，二不领兵，三不要钱。我只希望您能赐我一群牛羊和一块牧场！"

国王一一满足了三个年轻人的要求。

过了若干年，天定正在牧场上吹着笛子，欢快地放牧牛羊的时候，消息传来，若木和宾蒂因为权势过大，遭到了国王的猜忌，全都被陷害入狱了。

在人生的道路上，人们应该努力超脱名利，努力超脱世俗，努力做一个明白的人，做一个志向高远的人，做一个有高尚情操的人，做一个不仅仅有利于自己，还要有利于他人和社会的人，而这一切的前提就是坚守正道、坚走正途。淡泊名利就是对生活不挑剔、不苛求、不怨恨，于名利的沉浮与得失中，保持自己素朴的生存方式和平静的生活习惯。

名利好像是一双鞋子，是不是舒服，只有脚才会明白。有时候外面看着羡人，里面却正经受着痛苦的煎熬，这时，倒不如把鞋子脱了，让脚解放出来来得痛快。所以，名利是不需要强求的，只要安安静静地享用那一份自然得来的，就可以了。

名有好恶之分。有人为了出名，不惜干为人所不齿的事情，得了恶名，也算成了名人，也有人欺世盗名暂时赢得了美誉，但终究会被人识破，到头来反而落人笑柄。利则相对要复杂些，因为利本身并无好恶之分。评价利的好恶，在于得到利的过程。有人默默无闻埋头苦干，或凭自己的辛苦劳作，或凭自己的聪明才智，得了利，则其得之为当之无愧。也有人不择手段，玩人于掌股之上，得利虽超额，但有可能于自己的良心不安，惶惶不可终日，过日子并不安心。

说到底，名和利是付出的回报，只要舍得付出，名利必然会回报于人。只是，人要正确对待名利，超出自己承受力的名利，到头来反而会害了自己。世上的好东西太多了，但"任凭弱水三千，我只取一瓢饮"。名亦好利亦好，满足自己所需就可以了。

而淡泊名利的操守，只有历经磨炼，才能达到心境平和、宁静虚空。《菜根谭·应酬篇》说："淡泊之守，须从浓艳场中试来；镇定之操，还向纷纭境上勘过。不然操持未定，应用未圆，恐一临机登坛而上品禅师又成一下品俗士矣。"来到手中的，欣欣然接受；从手中溜走的，恰恰然放手。淡泊名利，是一个人完满的内心修养，是一个人高远的精神境界，是一种甘于奉献的灵魂陈述。

 ## 学会"丢掉"，才能收获幸福和轻松

让我们心灵受累的，不仅仅是物质，一些消极的情绪，错误的观念，解不开的情结，总会影响我们的生活。学会面对，学会丢掉，才能收获一份幸福和轻松。

当我们毫不犹豫地将交通工具异化为身价砝码，当我们推波助澜地助长"房子崇拜"，当我们变本加厉地加码孩子的教育，大家是否想过，这当中也折射了我们内心隐秘的欲望：房子成为房奴"征服"城市的象征，孩子承载了"孩奴"对成功的渴求。物质的洪流漫过心灵的堤防，使得我们忘记了仰望星空，忘记了默观内心，忘记了幸福感真正的来源。

物质成了幸福的唯一来源，也成了衡量幸福的唯一标准。物质财富代

表一切，甚至是社会地位的象征、精神生活的依托，科学被工具化、艺术被商业化、情感被功利化。这些难道就是我们苦心所追求的吗？

很久以前看过一则故事，讲的是圣诞节之际，一户穷人没有什么钱过节，于是夫妇俩就教孩子们唱歌。住在楼上的富翁听到他们快乐的歌声，想到孤单的自己却不快乐，所以就拎了一袋子钱给穷人，条件是他们不许再唱歌。

穷人答应了富翁，接过钱却总担心会丢掉，东藏西藏也找不到好的地方放。孩子们不能再唱歌，一个个面面相觑，家庭里的气氛顿时变得冷清寂寥，穷人家也变得不快乐了。

不久富翁听到外面有人敲门，打开门一看却是穷人。穷人把钱袋递给富翁："先生，我们不能答应您的要求。"于是，穷人的家里重新响起了孩子们欢快的歌声。

亚里士多德说："幸福还是不幸福，取决于人的自我灵魂。"这是对渴望幸福的人们一种有益的提醒。人的幸福感，既要靠社会创造的各种"发生条件"，也有赖个人内心的积极营造。其实，让我们心灵受累的，何止物质？一些消极的情绪，错误的观念，解不开的情结，总会影响我们的生活。学会面对，学会丢掉，才能收获一份幸福和轻松。

丢掉压力。心灵的房间，不打扫就会落满灰尘。蒙尘的心，会变得灰色和迷茫。我们每天都要经历很多事情，心里的事情一多，就会变得杂乱无序，然后心也跟着乱起来。所以，扫地除尘，能够使黯淡的心变得亮堂；把事情理清楚，才能告别烦乱；把一些无谓的痛苦扔掉，快乐就有了更多更大的空间。

丢掉自卑。把"自卑"二字从你的字典里删去吧。不是每个人都可以成为伟人，但每个人都可以成为内心强大的人。内心的强大，能够稀释一切痛苦和哀愁，能够有效弥补你现有的不足，能够让你无所畏惧地走在大路上。相信自己，找准自己的位置，你同样可以拥有一个有价值的人生。

丢掉烦恼。所谓练习微笑，不是机械地挪动你的面部表情，而是努力

地改变你的心态，调节你的心情。学会平静地接受现实，学会坦然地面对厄运，学会积极地看待人生，学会凡事都往好处想。这样，阳光就会洒进你的心里来，驱走恐惧，驱走黑暗，驱走所有的阴霾。

丢掉消极。如果你想成为一个成功的人，那么，请为"最好的自己"加油吧，让积极打败消极，只要你愿意，你完全可以一辈子都做最好的自己。在自己的战争中，你就是运筹帷幄的将军！不是所有的梦想都能成为美好的现实，但美丽的梦想可以装点出生活的美丽。

丢掉懒惰。不要一味地羡慕人家的绝招，通过恒久的努力，你也完全可以拥有。因为，把一个简单的动作练到出神入化，就是绝招；把一件平凡的小事做到炉火纯青，就是绝活。

丢掉抱怨。所有的失败都是为成功做准备。抱怨和泄气，只能阻碍成功向自己走来的步伐。放下抱怨，心平气和地接受失败，无疑是智者的姿态。抱怨无法改变现状，拼搏才能带来希望。不要总是烦恼于自己的生活，不要总以为生活辜负了你什么，其实，你跟别人拥有的一样多。

丢掉犹豫。认准了的事情，不要优柔寡断；选准了方向，就只管上路，不要回头。机遇就像闪电，只有快速果断的人才能将它捕获。立即行动是所有成功人士共同的特质。如果你有什么好的想法，那就立即行动吧；如果你遇到了一个好的机遇，那就立即抓住吧。立即行动，成功无限。

丢掉狭隘。宽容是一种美德。宽容别人，其实也是给自己的心灵让路。要想没有偏见，就要创造一个宽容的氛围。要想根除偏见，就要首先根除狭隘的思想。只有远离偏见，才有人与内心的和谐，人与人的和谐，人与社会的和谐。

努力做到以上这些，丢掉那些繁杂的役心之物，我们便能获得快乐，我们还要把自己的快乐分享给朋友、家人甚至素不相识的陌生人。因为分享快乐本身就是一种快乐，一种更高境界的快乐。

有位名人说过："一直要到你失去了名誉以后，你才会知道这玩意儿

有多累赘，而真正的自由又是什么。"盛名之下，是一颗活得很累的心，因为它只是在为别人而活着。我们常羡慕那些名人的风光，可我们是否了解他们的苦衷？其实大家都一样，希望能为自己活着，为自己活着的生活才更有意义。

世间有许多诱惑——桂冠、权贵，但那都是身外之物，只有生命最美，快乐最贵。我们想要活得潇洒自在，想要过得幸福快乐，就必须做到：学会淡泊名利，只努力进取，不争斗算计；位高不自傲，位低不自卑，欣然享受清心自在的美好时光，这样就会感受到生活的快乐和惬意。

逆境中随遇而安，烦恼即去

拥有一份随遇而安之心，你就会发现，天空中无论是阴云密布还是阳光灿烂，生活的道路无论是坎坷还是畅达，你的心中总是会拥有一份平静和恬淡。

随遇而安是一种进取，是智者的行为，愚者的借口。何为随？随不是跟随，是顺其自然，不怨恨，不躁进，不过度，不强求；随不是随便，是把握机缘，不悲观，不刻板，不慌乱，不忘形；随是一种达观，是一种洒脱，是一份人情的练达。"随遇"者，顺随境遇也。"安"者，一可理解为听天由命，安于现状；二可理解为心灵不为不如意之境遇所扰，无论于何种处境，均能保持一种平和安然的心态，并继续坚持自己的追求。前者之"安"，或许可以称之为"消极处世"，而后者之"安"，则需要一种良好的心理调节能力，甚至需要一种超脱、豁达的胸襟，不是人人都能做到的。

"塞翁失马，焉知非福"，这句饱含智慧的经典之言其实也道出了一种生活智慧——随遇而安。日常生活中，不少人爱用"随遇而安"这词来批评他人或自嘲，以至使其成了满足现状、不思进取的同义词。

很多人执着在付出与回报的平衡关系上，付出就要有所回报，如果没有回报，那就不值得付出。这种态度正是强求心态的思想基础。"不值得"的态度很容易使人们变得急功近利，从而扰乱了心灵的平静。

真正的随遇而安，不是一种消极的态度，而是一种理智的清醒。它所提倡的不是得过且过，而是尽人事听天命，因为生活中很多东西，不是以人力就可以得到、就可以改变的，比如容貌、机遇、感情。一个真正积极的人，不会执着于那些自己不能把握的东西，只要自己能够做到的就做得尽善尽美，这就是一种胜利了，至于能不能最终获得回报，则不要放在心上。

有这样一个仙人球，它曾待在一个漂亮的屋子里。然而，它又被主人送给了一个朋友。

到了新环境的仙人球待在电脑旁边。但仙人球长得很慢，三四年过去了，仍然只有苹果大小，甚至还有些未老先衰的模样。

一天，主人买来一盆红、黄、绿搭配的植物，将仙人球置换下来，放在阳台不显眼的角落里。转眼间，又是一两年过去，主人似乎忘了仙人球的存在。

有一天，当主人在阳台晾衣服时无意中低头瞥了一眼，看到了阳台角落里伸出一支长喇叭状的花朵，花形优美高雅，色泽纯白亮丽。

主人探下身去才发现，这朵美丽的花竟然是从仙人球上开出的。主人立即把花盆洗干净，将仙人球放到窗台上。面对这株花，主人心生愧意，仙人球从落户他家到开花，整整默默无闻了 6 年，但 6 年的默默无闻换来了一朝的绚烂绽放。

从这个故事里，我们能读出一份坚持：无论环境怎么变化，都坚守不变，不因他人的冷漠而封闭自己。仙人球无论遭遇怎样的环境，都能开出漂亮的花，而我们要做的也是以一种随遇而安的心态去看待环境，坚守自己，最终也能在内心里开出一朵花。

真正的随遇而安不是随便行事、因循苟且，而是随顺当前环境因缘，从善如流；不变不是墨守成规、冥顽不化，而是要择善固守。随遇而安的不变，是不模糊立场，不丧失原则。人生在世，要通情达理、圆融做事，这样才能够达到事理相容。

随遇而安是一种智慧的生活态度，它可以使人保持一颗平静的心，使人能够理性地去看待生活和工作中的得与失。随遇而安的人不从众，他们独立、自我，不会为迎合别人而委屈自己。他们乐观、自信，并且不急功近利。他们思维不偏激，行事不过头，既不置别人于死地，也不对自己苛求。他们全力投入生活，但并不渴望生活回报自己更多，他们更多的是在做事情的过程中享受生活的充实和愉快，而不是在意生活会回报自己什么或回报给自己多少。

随遇而安的人不强迫自己。不强迫自己不是不思进取，不是止步不前进，更不是拒绝接受挑战，而是有所选择，抛弃那些异想天开和不切实际，客观准确地衡量自己的能力，对于能做到的事情尽全力去完成，对于自己认为正确的意见认真接受，该放弃的就要果断放弃，该争取的就要尽力争取。

随遇而安，是对自己正确、清醒的认识，是对人生彻悟之后的精神，是"聚散离合本是缘"的达观，是"得即高歌失即休"的超然，更是"一蓑烟雨任平生"的从容。拥有一份随遇而安之心，你就会发现，天空中无论是阴云密布还是阳光灿烂，生活的道路无论是坎坷还是畅达，你的心中总是会拥有一份平静和恬淡。

随遇而安离不开一颗宽容的心。要想使自己的生活更加和谐，使朋友之间的友情更加牢固，人们要学会宽容别人，接受别人不同的思想、不同的观念，即使这些思想和观念确实存在着错误，只要不影响大局，就不要强迫对方改变。学会随遇而安的生活态度就是对任何事情、任何人都不要勉强。

随遇而安，是一种胸怀，是一种成熟，是对自我的一种把握，凡事顺

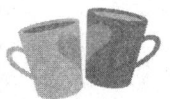

应境遇，不去强求，才能过上自由安乐的生活。无论顺境还是逆境，人都应该保持一种乐观的生活态度。这样便能在风云变幻、艰难坎坷的生活中，收放自如、游刃有余，始终把握住前行的方向。

第 10 章
有一颗应变心，你会更从容

世界上没有永恒不变的道理，也没有绝对的公平。所以，比追求公平更重要的是我们要有直面现实的勇气和耐心。我们必须承认：人生有太多的无奈和不公，正因为这样，才更值得我们为之奋斗。

不公平才是人生常态

现实的秩序自有存在的合理性，你要承认接受，更要逆流而上，要尽可能地去改善自己的境遇，要以平常心、进取心对待生活，不公平也就消失得无影无踪了。

命运似乎总是顾此失彼，钟情一部分人的同时冷落另一部分人，只不过那个幸运儿恰好不是你。也许你开始怨天尤人，愤世嫉俗，但是不公平始终还是存在于你的生活里，甚至变本加厉。所以，无论你曾经面对或承受了怎样的不公平，坦然面对吧，然后接受它，最后努力战胜和超越它。有些事实我们无法选择，有些境遇我们无法改变，那就直面人生吧。胸怀大度，登高望远，坦然地去面对生活中的每一件事，只有这样，你才能追求更多的公平和幸福。

世界是竞争的矛盾统一体，公平只是相对的，不公平才是人生常态。面对不公平，有人会气愤，会失望，会暴躁，会失落，但他们更需要冷静和勇气。人生在世，不必事事苛求公平，否则就是和自己过不去。面对一些不公平的事学会淡然处之，一切就会自然了。同时，不公平是一种进行比较后的主观感觉，只要我们改变比较的对象和标准，便能在心理上消除不公平感。

有个农场主的葡萄熟透了，如果当天不把葡萄全部摘完的话，葡萄就会烂掉，而他自己又不可能在一天内把葡萄全部摘完。于是他就在市场上找了一群人，对他们说，"如果你们能在今天帮我把葡萄全部摘完的话，我就每人给你们一个金币。"这群人听后非常高兴，就跟这个农场主来到葡萄园里摘葡萄。

当到中午的时候，农场主发现葡萄很多，这些人不可能在一天内把葡萄全部摘完，于是他又到市场上找了一群人，对他们说，"如果你们能在今天帮我把葡萄全部摘完的话，我就每人给你们一个金币。"这群人听后也非常高兴地跟这个农场主来到葡萄园里摘葡萄。

当到下午2点钟左右的时候，这个农场主发现这现人虽然非常卖力地摘葡萄，但他们还是不可能在一天内把葡萄全部摘完。于是他又到市场上找了一群人，对他们说，"如果你们能在今天帮我把葡萄全部摘完的话，我就每人给你们一个金币。"这群人听后也非常高兴地跟这个农场主来到葡萄园里摘葡萄。

当日落西山的时候，葡萄终于全部摘完了。农场主把最后一批人叫过来，给了他们每人一个金币，于是这群人非常高兴地走了。他又把第二次招来的人叫过来，每人给了他们一个金币，这群人并没有表现得非常高兴，但没有说什么，也走了。当他把第一次招来的人叫过来，给了他们每人一个金币的时候，这些人不高兴了。他们说："为什么我们干的活比后来的这些人多，给的钱怎么都是一个金币呢？"

看到这个故事，相当多的人第一直觉就是与第一批人同样的感觉——不公平。如果你是当时在场的第一批工人的话，你认为这件事公平吗？

我们不妨做一下简单分析。首先，在这个故事中，每一批人的"劳动协议"都是工人与农场主双方认可同意的，而且也很满意。但最后农场主兑现了自己的承诺，对任何一批人都没有违约，却导致两批人的不高兴。

一个双方都履约的协议，结果却事与愿违。问题在哪里？责任人是谁？

假如农场主把发放报酬的顺序颠倒一下，按照工作的顺序第一批人先拿，第三批人最后拿，所有人都会高兴。后一种发放顺序并未改变任何其他条件，带来的则是皆大欢喜，没人感到不公平。

一个哲人说过："如果要绝对的公平，一分钟都不能生存。"所以说，公平是相对的，也就是说，你认为的公平对别人来说不一定是公平，只有大家都认同的才算得上公平。可是这样的概率很小，因为人们常常都是从

自身利益出发考虑问题的。

每个人都或多或少遭遇过很多不公平的事，许多人常常会为自己、为他人所受到的不公平而感到遗憾、愤怒，甚至产生怨恨……其实这种态度正是滋生更多不公平的因素。我们不能天真地认为生活"应该"是公平的，应该不应该不是你所能决定得了的，不要想着你能等来公平，等到一个完全公平的理想国度，你只是在逃避，不敢面对现实而已。如果你想要找到那份属于自己的公平，你只能直面现实，努力生活，摆脱困境。

所以，你不但要承认现实的不公平，也要认清社会的不公平，把不公平变成努力奋斗的动力，扩充自己的能力，寻找机会，直至扭转你所认为的不公平。

现实的秩序自有存在的合理性，你要承认接受，更要逆流而上，要尽可能地去改变自己的境遇，要以平常心、进取心对待生活，不公平也就消失得无影无踪了。

就像工作中，你觉得自己比别人更出色，可晋升的人却总不是你，为此你常常感到愤愤不平，但是这对你有好处吗？与其成天抱怨不公平，还不如静下心来分析自己受到的"不公平"到底是什么原因。在你自以为遭到"不公平"的事情时，你考虑过自己付出的努力了吗？

面对不公平，我们可以采取的方法就是壮大自己，如果只想着不公平给自己带来的伤害和痛苦，而不是积极调整自己的心态，我们将无法改变任何事实。

面对不公平的现象，抱怨和逃避是无法解决任何问题的，我们得想方设法用自己的方式战胜自己，当自己再次遭遇不公平现象时能够保持持续抗衡的能力与勇气，生活将由此变得更加美好和公平。

 ## 调动全身心，努力吸取当下的力量

活在当下，没有过去拖在你后面，也没有未来逼迫你前进，你全部的能量都集中在这一时刻，生命因此具有一种巨大的张力。

人生最大的困厄莫过于等待死亡。因为一般人活在世上，都是活在对未来的期望之中，可是倘若知道死亡近在咫尺，希望的火焰熄灭了，往往也就心如止水，一切也都不再有意义。可是耳听时间的滴答声，感觉生命像鲜血一滴滴从身体中垂落消失，专心忍受时光残忍的折磨又有多大的意义呢？莫不如把一切都放下，放下对生命的牵挂，放下对未来的执着，把握唯一能把握的当下，做手边能做的事，把当下的每一分每一秒都活得充实，生命便有了最现实的意义。这种心态看似消极，其实包含着大智慧。努力吸取当下的力量，人便活出了未来。

有个小和尚，每天早上负责清扫寺院里的落叶。

清晨起床扫落叶实在是一件苦差事。尤其在秋冬之际，每一次起风时，树叶总随风飞舞，每天早上都需要花费许多时间才能清扫完树叶，这让小和尚头痛不已。他一直想要找个好办法让自己轻松些。

后来有个和尚跟他说："你在明天打扫之前先用力摇树，把落叶统统摇下来，后天就可以不用扫落叶了。"小和尚觉得这是个好办法，于是隔天他起了个大早，使劲摇树，心想这样就可以把今天跟明天的落叶一次扫干净了。一整天小和尚都非常开心。

第二天，小和尚到院子里一看，不禁傻眼了，原来院子里如往日一样满地落叶。老和尚走了过来，对小和尚说："傻孩子，无论你今天怎么用力，明天的落叶还是会飘下来。"小和尚终于明白了，世上有很多事是无

法提前的，唯有认真地活在当下，才是最真实的人生态度。

库里希坡斯曾说："过去与未来并不是'存在'的东西，而是'存在过'和'可能存在'的东西。唯一'存在'的是现在。"

"当下"给你一个深深地潜入生命的水中或是高高地飞进生命的天空的机会。但是在两边都有危险——"过去"和"未来"是人类语言里最危险的两个词，人们生活在过去和未来之间的当下几乎就好像走在一条绳索上，在它的两边都有危险。但是一旦你尝到了"当下"这个片刻的甜蜜，你就不会去顾虑那些危险；一旦你跟生命保持在同一步调，其他的就无关紧要了。对你而言，当下的生命就是一切。

智者常劝世人要"活在当下"。到底什么叫做"当下"？简单地说，"当下"指的就是你现在正在做的事、你现在待的地方、现在在你周围一起工作和生活的人；"活在当下"就是要你把关注的焦点集中在这些人、事、物上面，全心全意认真去接纳、品尝、投入和体验这一切。

你可能会说："这有什么难的？我不是一直都活着并与其为伍吗？"话是不错，问题是，你是不是一直活得很匆忙，不论是吃饭、走路、睡觉、娱乐，你总是没什么耐性，急着想赶赴下一个目标？因为，你觉得还有更大的志向正等着你去完成，你不能把多余的时间浪费在"现在"这些事情上面。

不只是你，大多数的人都无法专注于"现在"，他们总是若有所思，心不在焉，想着明天、明年甚至下半辈子的事。有人说"我明年要赚得更多"，有人说"我以后要换更大的房子"，有人说"我打算找更好的工作"。后来，钱真的赚得更多，房子也换得更大，职位也连升好几级，可是，他们并没有变得更快乐，而且还是觉得不满足："唉！我应该再多赚一点，职位更高一点，想办法过得更舒适！"这就是没有"活在当下"，就算得到再多，也不会觉得快乐，不仅现在不够，以后永远也不会觉得够。这样想的人忘了真正的满足不是在"以后"，而是在"此时此刻"，那些想追求的美好事物，不必费心等到以后，现在便已拥有。

当生命走向尽头的时候，可以问自己一个问题：我对这一生觉得了无

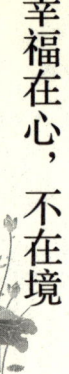
遗憾吗？我想做的事都做了吗？我有没有好好笑过、真正快乐过？

想想看，你这一生是怎么度过的：年轻的时候，你拼了命想挤进一流的大学；随后，你巴不得赶快毕业找一份好工作；接着，你迫不及待地结婚、生小孩，然后，你又整天盼望小孩快点长大，好减轻你的负担；后来，小孩长大了，你又恨不得赶快退休；最后，你真的退休了，不过，你也老得几乎连路都走不动了……当你正想停下来好好喘口气的时候，生命也快要结束了。其实，这不就是大多数人的写照吗？他们劳碌了一生，时时刻刻为生命担忧，为未来做准备，一心一意计划着以后会发生的事，却忘了把眼光放在"现在"，等到时间一分一秒地溜过，才恍然大悟"时不我待"。

假若你时时刻刻都将力气耗费在未知的未来，却对眼前的一切视若无睹，你永远也不会得到快乐。一位作家这样说过："当你存心去找快乐的时候，往往找不到，唯有让自己活在'现在'，全神贯注于周围的事物，快乐便会不请自来。"或许人生的意义，不过是嗅嗅身旁每一朵绚丽的花，享受一路走来的点点滴滴而已。毕竟，昨日已成历史，明日尚不可知，只有"现在"才是上天赐予我们最好的礼物。

 ## 换一种思维往往能使人豁然开朗

同一片天地，你想看到泥土还是星星，取决于你自己；你看到了玫瑰的花朵还是看到了它的刺，也取决于你自己；你看到了生活的悲哀还是希望，仍然取决于你自己。

哲学家诺宾说，快乐的真谛其实也在于选择一种合理的思维方式。这位哲学家曾见过一块招牌："乐观者和悲观者之间的差别十分微妙，乐观者看到的是甜圈饼，悲观者看到的是甜圈饼中间的'洞'。"他认为，人们的眼睛看到的往往并非事物的全貌，只看见自己想寻求的东西。乐观者和悲观者各自寻求的东西不同，因而对同样的事物，就采取了两种不同的态度。

我们的生活，经常会遇到各种麻烦和困扰，不管是在工作、感情、生活还是学业上，难免会有不称心、不如意的时候。此时，如果你能换种思维，持积极心态，也许很快就能豁然开朗，然后妥善对待处理好这些事情，从而工作顺利，心情舒畅。如果你的思维总是局限在某种抑郁的情绪里，总是想不开，越想越气，自控能力减退，情绪失去控制，言行也就容易出现反常现象，甚至为了一点小事，大闹一场，出言不逊，轻则人际关系受损，重则造成很多无法挽回的损失。

塞尔玛陪伴丈夫驻扎在一个沙漠中的陆军基地里。丈夫奉命到沙漠里去演习，她一个人留在基地的小铁皮房子里，天气热得受不了，在仙人掌的阴影下也有 51.6 摄氏度。她没有人可聊天，当地人不会说英语。她非常难过，于是就写信给父母，说要丢开一切回家去。她父亲的回信只有两行字，这两行字却永远留在她的心中，完全改变了她的生活：

两个人从牢中的铁窗望出去，一个看到泥土，一个却看到了星星。

塞尔玛一再读这封信，觉得非常惭愧。她决定要在沙漠中找到"星星"。塞尔玛开始和当地人交朋友，他们的反应使她非常惊奇：她对他们的纺织品、陶器表示感兴趣，他们就把最喜欢但舍不得卖给观光客人的纺织品和陶器送给了她。塞尔玛研究那些引人入迷的仙人掌和各种沙漠植物、动物，又学习有关土拨鼠的知识；她观看沙漠日落，还寻找到几万年前的"海螺壳"……原来让她难以忍受的环境变成了令人兴奋、流连忘返的奇景。

沙漠没有改变，当地人也没有改变，但是塞尔玛的思维改变了，心态改变了。一念之差，使她把原先认为恶劣的情况变为一生中最有意义的冒险。她为发现"新世界"而兴奋不已，并为此写了一本书。她从自己造的"牢房"里看出去，终于看到了"星星"。

同一片天地，你想看到泥土还是星星，取决于你自己；你看到了玫瑰的花朵还是看到了它的刺，也取决于你自己；你看到了生活的悲哀还是希望，仍然取决于你自己。与其抱怨泥土，不如欣赏星星的美丽；与其抱怨玫瑰的刺，不如欣赏花朵的艳丽；与其抱怨生活的悲哀，不如怀抱希望生活下去。乐观地对待世界，世界就会乐观地对待你。

在德国，有一个造纸工人在生产时，不小心弄错了配方，生产出了一批不能书写的废纸，因此，他被老板解雇了。

正在他灰心丧气、愁眉不展时，他的一位朋友劝他："任何事情都有两面性，你不妨变换一种思路看看，也许能从错误中找到有用的东西来。"于是，他发现，这批纸的吸水性能相当好，可以吸干家庭器具上的水分。接着，他把纸切成小块，取名"吸水纸"，拿到市场去卖，竟然十分畅销。后来，他申请了专利，靠独家生产吸水纸发了大财。

同样的一件事情，对于不同的人具有完全不同的含义，换句话说，事件本身是不足道的，关键在于你如何解读它，或者说外界发生了什么都无所谓，你自己的内心才是你最应该关注的。以积极的心态来对待事件的人，总会在事件中看出坚强和智慧，而消极悲观的人，不管看什么都是灰暗的。

有一次，某单位请了一位大学教授给全体管理人员讲授企业管理的方法。讲授之前，教授出了一道有趣的考题："很远的地方发现金矿，为了得到金子，人们蜂拥而去，可一条大江挡住了必经之路，如果换作你们，会怎么办？"有人说绕道走，教授笑而不语，良久，教授严肃认真地说："为什么非要去淘金，为什么不可以买一条船搞营运，接送那些淘金的人，这样也可以发财致富！"全场愕然，教授接着说："人们为了发财，即使票价再贵，也心甘情愿买票上船。因为前面就是诱人的金矿啊！"

这个故事告诉我们，对于生活中的许多问题，当我们无所适从时，为什么不换一种思维呢？转换思维，会发现天地开阔。是的，在智者眼里困境往往意味着一个潜在的机遇，因为一种问题往往有很多种解决方法，直线思维或者思维固化都是死路一条，曲径方能通幽处。

再大的梦想也要从点滴小事做起

凡事要坚持从小事做起，认真对待每一天，相信只要坚持做好一点一滴的事，你距离成功的目标一定会越来越近。

一代名将曾国藩曾说过"天下大事当于大处着眼，小处着手"。他是这么说的，也是这么做的，最终得以建功立业，成为中兴名臣。天下三分有一的刘备也说过："勿以恶小而为之，勿以善小而不为。"正是由于他做事认真细致，不放过一丝一毫，才能得天下豪杰争相归附，有了与曹操、孙权抗衡的资本。

东汉名臣陈蕃少时独居一室而院内龌龊，薛勤批评他："孺子何不洒扫以待宾客?"陈蕃答道："大丈夫处世，当扫天事，安事一屋乎?"薛勤当即反驳："一屋不扫，何以扫天下?"

人们的每一个成绩的取得都是通过日积月累、逐步形成的，都是由多少个不眠之夜、多少身汗水和无数次的失败、成功累积而成的，永远不可能一夜成名、一蹴而就。总而言之，一分的成功，必须有百分的付出，必须从小事做起。

有这样一个故事：有人对一只小闹钟说："你一年要重复不停地'滴答'三千多万次，你能忍受这种枯燥乏味的生活吗?"小闹钟听后十分沮丧。一只老怀表对小闹钟说："不要只想着一年怎么'滴答'三千多万次，只要坚持每秒'滴答'一次就行了。"于是，小闹钟按照老怀表说的去做。一年过去了，小闹钟顺利完成了"滴答"三千多万次的任务，变得更加成熟和坚强。

这个故事给我们的启示是：凡事要坚持从小事做起，认真对待每一

天，只要坚持做好一点一滴的小事，距离成功的目标一定会越来越近。

有的人急于实现目标，重结果轻过程，在经过一些努力后，发现目标依然遥远，就泄气甚至绝望。能够获得成功的人，多是做事有条不紊、坚持不懈的人。人，贵有理想，更可贵的是能为理想坚持不懈地奋斗。老子说过："九层之台，起于垒土；千里之行，始于足下。"孔子也说过："无欲速，无见小利。欲速，则不达；见小利，则大事不成。"因此，我们做事既要放眼长远，又要做好眼前的点点滴滴。

成功贵在坚持。只有相信自己的能力，想好今天要做什么、明天该做什么，努力把每件事做好，就像那只小闹钟一样，坚持每秒"滴答"一下，才能够取得成功。一个人要有雄心壮志，但更要能做好当下的点滴小事。

心理学家弗洛姆在《逃避自由》一书中阐述道，作为社会中的个体，人总是需要在局部目标达到之后不断确立新的信仰和目标，在某种意义和程度上束缚自己，逃避先前渴求的自由和伴随着这种贬义的自由而来的积极性的丧失、空虚和无聊。人的一生既是短暂的又是漫长的，人的一生总目标的实现是比较遥远的，"罗马不是一天建成的"，任何成功都绝不可能一日获得，再伟大的成就也是由一个个小目标的实现累积而成的，综观每一个成功者的奋斗史，都是在达成无数个小目标之后，才最终成就伟大的事业。

所以，人们就应当把人生总目标分解成长短不同的阶段性目标，各个击破，逐步接近总目标。看似遥不可及的宏伟目标，只要大方向是正确的，是适合自己的，是在自己的能力"射程"之内，那么，只要遵循化整为零、循序渐进的成功规律，一步一步脚踏实地，稳扎稳打，最终的成功就会是"功夫不负有心人"、"功到自然成"的事情。华罗庚曾说："要循序渐进！我走过的道路，就是一条循序渐进的道路。"捷克教育家夸美纽斯也说："应当循序渐进地学习一切，在一段时间内，只应当把注意力集中在一件事情上。"

心理学实验证明，太难的和太容易的事，都不容易激起人的兴趣和热

情；只有比较难的事，才具有一定的挑战性，才会激发人的热情和行动。目标是现实行动的动力和方向。目标过低，如果低于一般的水平，不能完全发挥人们的能力，就不具有激励价值；目标过高，如果高不可攀，就算费尽力气，在较长时期内也不能明显见效，就会挫伤人们对目标的信心，反而起了消极的作用。大目标虽然能够激发我们心中的力量，但是，如果目标距离我们太远，我们就会因为长时间没有实现目标而气馁，甚至会因此而变得自卑。所以，为了顺利实现我们心中的大目标，最好的方法就是在大目标下分出层次，设定每个阶段的小目标，步步为营，分步实现大目标。

在世界马拉松史上，曾有一位名不见经传的日本选手赢得了人们的尊敬，作为一名长跑选手，他的个人条件并不出色，但是他却摘取了该年度的马拉松桂冠。记者采访他成功的原因，他说："因为我把比赛全程分解成了一个个具体的目标。我在每一次比赛之前都会做精心准备，我会乘车把比赛要跑的线路观察一遍，记下沿途比较醒目的标志性建筑物。然后，在漫长的赛程中，我就把全程用各个目标分成一段一段的短程，我首先跑向第一个目标，然后调整心态，继续跑向第二个目标。其他选手的目标是最后的终点，所以他们往往跑不到十几千米就已经疲惫不堪了，而我的目标则是下一个小目标。相比之下，我的目标是容易接近的，所以，整个赛程我一直是充满信心的，这信心得益于一个个看得见的小目标呀。"

英国威斯敏斯特教堂旁边矗立着一块墓碑，上面刻着一段著名的发人深省的话："当我年轻的时候，我梦想改变这个世界；当我成熟以后，我发现我不能改变这个世界，我将目光缩短了些，决定只改变我的国家；当我进入暮年以后，我发现我不能改变我的国家，我的最后愿望仅仅是改变一下我的家庭，但这也不可能。当我躺在床上行将就木时，我突然意识到：如果我一开始仅仅去改变我自己，然后，我可能会改变我的家庭；在家人的帮助和鼓励下，我可能会为国家做一些事情；然后，谁知道呢？我甚至可能会改变这个世界。"这段充满哲理的话提醒人们：如果要实现自

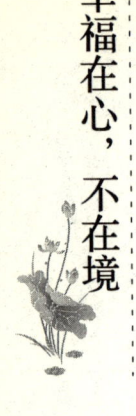

己远大的目标，不妨将目标一段一段地分解，让它变成一些通过一定努力可以实现的较小的具体的阶段性目标。

 ## 勇敢地尝试是跨出成功的第一步

> 与其在黑暗中为自己逝去的梦想哭泣，不如打开一道缺口，与梦想遥遥相望，逐步缩近距离。

勇敢地尝试就是跨出成功的第一步，每一个人都有能力实现自己的理想，我们都生活在希望之中，一旦旧的希望实现了，或破灭了，就应该让新希望的烈火熊熊燃起。我们必须要学会尝试，不能退缩，不去尝试怎能知道自己不行呢？

我们要努力冲破各种束缚和条条框框，学会利用现有资源把事情做成，尝试新的方法，而不是消极等待，好高骛远。我们迈出的每一步都连接着未来，要尝试新的人生，就要充分利用现在的条件不断突破。

纵观古今，凡有成者，无不具有勇于尝试的精神。白炽灯泡的发明者爱迪生为了找到一种合适的材料做灯丝，竟不屈不挠地进行了几千次尝试。试验初期，他找了1600种耐热材料，反复试验了近两千次，结果发现只有白金较为合适，但白金比黄金还贵重些，难以大规模使用。面对这样的情况，一般的人大多会选择放弃，然而他没有，而是继续尝试着从植物中发掘理想的灯丝材料。通过不断地尝试，爱迪生最终发现了理想的灯丝材料——炭化竹丝，获得了巨大的成功，给人类带来了"光明"。

这"光明"之光，与其说是电之光，还不如说是勇于尝试的精神之光。其实，人们只要细细想想就会发现，爱迪生所取得的一千多项成果中，没有哪一项不是不断尝试的结晶。"一次尝试，就有一次收获"，爱迪生的这句话正道出了他成功的秘诀。还有研制出雷管的诺贝尔、发现了物质不灭定律的罗蒙诺索夫、第一次驾飞机飞上了天空的莱特兄弟……他们所取得的一个个惊人的成就，又有哪一个不是尝试之花结出的硕果呢？在崇拜伟大人物的同时，我们是不是更应该崇拜造就伟大人物的勇于尝试的精神呢？

在烈日下，一群饥渴的鳄鱼陷身于水源快要断绝的池塘中。面对这种情形，只有一只小鳄鱼起身离开了池塘，它尝试着去寻找新的生存的绿洲。塘中之水愈来愈少，最强壮的鳄鱼开始不断地吞噬身边的同类。苟且幸存的鳄鱼看来是难逃被干旱吞噬的命运了，然而却不见有鳄鱼离开。池塘最后完全干涸了，唯一的大鳄鱼也耐不住饥渴而死去了。然而，那只勇敢的小鳄鱼，它经过多天的跋涉，竟然幸运地没有死在半途中，而是在干旱的大地上，找到了一处水草丰美的绿洲。

试想，小鳄鱼如若不是勇于尝试，寻求另一条生路，那它也难逃丧生池塘的厄运；而其他的鳄鱼，如果它们不安于现状，勇于尝试，那么它们又怎会落得身死干塘的可悲结局！由此可见，勇于尝试的精神多么重要！

人活在世上，应该有与命运较量的勇气，有创造事业的雄心，不要怨天尤人。调整一下自己的心态，如果你被生活压得喘不过气来，不妨换个角度勇敢尝试一下，找回自己的自信心。人生有时候就像棒球比赛，每个人都可以是好的投手，球在你的手上，丢出什么样的变化掌控在你的手上，只要你有敢于尝试的信心，胜利指日可待。千万不要想想便算了，态度决定你的成败，如果你连你自己的这关都过不了，还能过了哪个关口？

很多人都曾经拥有远大的梦想，但是，常常因为缺乏立即行动的能力，梦想开始萎缩，最终变得渺茫，甚至消亡。与其在黑暗中为自己逝去的梦想哭泣，不如打开一道缺口，与梦想遥遥相望，逐步缩近距离。只要你付诸行动，勇于尝试新的生活，总有一天，你会看到生活的奇迹。

第11章
有一颗宁静心，你会更安然

心平才会气和，气和才会心安。生气和愤怒都源自人心中的欲念，其实，即使拥有了全世界，你也只能睡一张床。放弃那些过于沉重的欲望，珍惜已拥有的，做一个真正的心灵富翁，你才不会被无谓的烦恼所左右。

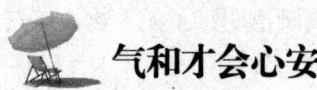

气和才会心安

每个人都是一样的，赤条条地来，赤条条地去，最终都会化作一抔尘土。所以，不要给自己套上精神上的枷锁，保持一颗澄澈透明的心，就会发现生活的美好。

有个年轻人脾气非常火暴，他深知生气对自己无益，但就是控制不了自己的脾气。无奈之下，他只好去求助于神父，让他为自己指点迷津。

神父听完他的心事之后，没有开导他，反而将他关进了一间黑屋子里，悄然离去。年轻人气急败坏，大骂神父，可无论他怎么骂，神父均不予理会。

终于，他骂累了，颓然地坐在地上。神父在门外问："你还生气吗?"

年轻人回答道："我只气自己怎么会那么傻，跑到你这里来自讨苦吃。"

神父听完他的话，说道："你连自己都不肯原谅，更别说奢望你原谅别人了。"说完，转身走了。

过了很久，神父又来问道："你还生气吗?"

"不生气了。我生气也没有什么用，还不是被你关在这个又黑又冷的屋子里。"年轻人回答说。

神父说："现在的你把气都压在了一起，一旦爆发会比以前更加强烈，所以比生气更可怕。"说完又走了。

等到神父第三次询问年轻人的时候，年轻人说："你不值得我为你生气，所以我不生气了。"

神父摇了摇头说："你还没有从生气的深渊中解脱出来，因为你生气

之源还在。"

又过了很长时间，年轻人主动问道："神父，你能告诉我气是什么吗?"

神父没有说话，看似无意地将一杯水倒在地上。

年轻人终于明悟：原来心就像这只空杯，清澈透明，了无一物，何气之有?

气由心生，心有欲则气生。很多人生气都源于对现状的不满，心中有了欲念，快乐就会被生气所吞噬。人与人之间产生摩擦，大部分都源于心中的欲念。比如夫妻之间生气，丈夫无非是想要妻子更加贤惠，不但下得厨房，还要上得厅堂；妻子却有望夫成龙之心，希望他更加有本事，给家庭提供更加优越的生活。这些虽然都是鸡毛蒜皮的事，但是多少风花雪月都会淹没在柴米油盐当中，家里的硝烟往往都是这样引起的。

荀子认为："从人之欲，则势不能容，物不能赡也。"意思是说人的欲望是无穷无尽、无法满足的。当欲望无法满足时，人们就有了生气的理由。很多人都在感叹自己拥有得太少，其实，再大的地方又能如何?你也只能睡一张床而已，再多好吃的，你的胃也就那么大。每个人都是一样的，赤条条地来，赤条条地去，最终都会化作一抔尘土。所以，不要给自己套上精神上的枷锁，保持一颗澄澈透明的心，就会发现生活的美好。

天使来到人间，准备帮助人们解脱痛苦。

一天，他遇见一个穷人，穷人哭诉着说："我现在的生活简直糟糕极了！我和我的妻子，还有我的儿子、儿媳、女儿、女婿共同生活在一个小房子里，在这狭隘的空间里处处隐藏着矛盾，我们常常会因为一些事情而争吵，我的家简直就是个地狱！在这样的环境里生活下去，我迟早会疯掉的。善良的天使，你救救我吧！"

天使微微一笑，说道："你的境遇是很糟糕，不过不用担心，只要你按照我说的去做，会很快改变你的现状。"

痛苦不堪的穷人仿佛抓住了救命稻草，高兴地说："只要我能摆脱痛苦，你让我做什么我都愿意。"

"非常好，你现在就回家去把你的牲畜都带到你的房子里，然后和它们一起生活。"天使说。

听了天使的话，穷人虽然觉得不可思议，但还是按照天使所说的话做了。他把自己养的鸡、羊、牛都带到了屋子里，他相信境况会有所好转。

可是，刚生活了一天，可怜的穷人几乎要崩溃掉了。他找到天使哭喊道："天使啊，我按照你所说的将那些牲畜都赶进了房子里，可是，我的生活变得更加不幸了。"

天使笑着说："你现在回去把那些鸡赶出你的房子，你的境况就会好转的。"

几乎疯掉的穷人赶紧回家把那些鸡赶出了房子。一天之后，穷人又找到天使，他无力地乞求天使："救救我吧，那两只山羊整天咩咩地乱叫，让我食不知味，睡不安寝……"

天使平静地说："你回家把那两只山羊牵回羊圈去，一切就会好的!"

穷人沮丧地回家把山羊牵到了羊圈。但是，两天之后，他又找到天使，懊恼地说道："天使啊，现在我的房子简直就是个牛棚，粪便的味道充满整个房子，我的生活简直变得像噩梦一般……"

天使心平气和地说："你说得没错。赶快回家，把那头牛牵到它应该待的牛棚去!"

第二天，穷人欢快地跑到天使跟前，兴高采烈地说："天呐，我把所有的牲畜都赶了出去，我的家是那样安静、那样宽敞、那样明亮、那样整洁，实在是一个令人愉快的家! 感谢你把甜蜜的生活给了我。"

天使并没有改变穷人的生活，只是让穷人经历了一个更加糟糕的过程，然后再回到最初，以前让穷人痛苦不堪的生活却让他感到甜蜜。这个故事看起来有点好笑，但却说明了一个道理：世界上的烦恼，很多都是因为人们还没有遇到真正的烦恼。

每个人都有过类似的经历，面对这些不如意，仿佛掉进了痛苦的深渊，那些令人烦恼的事情简直就是一波未平一波又起，而事实上事情根本没有多严重，我们只是没有发现生活的美好而已。

人生的快乐与否，有时完全在自己，自己快乐，生活就快乐。追求太多不必要的欲望不仅仅消耗着我们的时间与精力，还时刻剥夺着我们原本可以享受的生活的快乐。不如将心放宽，无论那些事情是否存在，都将自己的心保护起来，不受到那些所谓"事实"的侵袭，让自己生活在一个快乐的世界里，你会发现，心平气自和，无欲心自安！

不要让自己去承受别人的错误

哲学家康德说："生气，是拿别人的错误来惩罚自己。"所以，不要让自己去承受别人的错误，更不要自寻烦恼，过多的火气，会把你的理智烧光。

有一个渔夫正在河边捕鱼，就在这时，他发现一个哭泣的妇人要跳河寻死。

于是他问妇女："你为什么跳河？"

"我被丈夫遗弃了。我很生气，所以我不想活了。"妇人抽噎着回答。

"哦，你什么时候认识你丈夫的？"渔夫继续问道。

"我是三年前认识他的，我们刚结婚一年他就另觅新欢不要我了。"妇人越说越伤心，真的要去跳河了。

"你等等，"渔夫及时地制止了她，继续问道，"那三年前没有遇见他的时候你是怎么活的呢？没有他你就活不下去了吗？"

"三年前我没有认识他的时候，我生活得很好、很快乐。"妇人回答。

"是啊，三年前你可以活得很快乐，那么三年后的今天，没有他你也可以过得很好啊。抛弃你是他的错，你为什么要用别人的错误来惩罚自己呢？况且你就这样死了，他就可以回心转意吗？即使他后悔了也于事无补

啊。"渔夫劝解道。

"是啊，谢谢你让我明白了生命的可贵，如果不是你，我会被气愤冲昏头脑，再也看不见明天的朝阳了。"妇人终于笑了，轻松地离开了。

生活中的许多事情发生就发生了，已无法改变，人们却总是因为一些根本无法改变的事实或错误而让自己的心灵承受着巨大的折磨，就像故事中的妇人一样，将所有的问题一人承担下来，在万念俱灰、几近崩溃中打算放弃生命，了结此生。这样消极的思想并不能让她的情况发生任何改变，她的丈夫也不可能因此而回心转意，试想一想，即使她的丈夫有所悔意，那个时候的她和他也已经生死两相隔了，一切还有什么意义呢？

哲学家康德说："生气，是拿别人的错误来惩罚自己。"所以，不要让自己去承受别人的错误，更不要自寻烦恼，过多的气，会把你的理智烧光。你会在不知不觉中将事情的消极影响扩大，这一定不是你希望得到的结果。

所以，在生活中，千万不要为一些已经发生的错误而做出毫无意义的牺牲，那样只会在气愤、低落的情绪中让你付出代价，抑或是使周围的人受到伤害，而不能让错误本身发生任何改变。生气的影响是十分消极的，没有任何效用，还十分惹人生厌，是一种极其无聊的事情，那么，你喜欢去做一些无聊的事情，寻找无谓的烦恼吗？

那天，刘明喝了一点儿酒，跌跌撞撞地从饭馆里出来，一下子撞在一位迎面走来的法师身上，不但将那位法师的眼镜撞落在地上，眼镜还戳青了法师的眼皮。有点儿醉意的刘明看了看法师，毫无愧疚的意思，反而理直气壮地喊道："谁让你走路不长眼睛，活该！"

对于刘明的无理，法师不予理会，捡起眼镜，微微一笑转身离去。

刘明既尴尬又感到异常疑惑，好奇地问道："喂，我把你的眼镜撞在地上摔坏了，弄伤了你的眼睛，还骂了你，你怎么不生气呢？"

"生气既不会使我这破碎的眼镜重新复原，又不能消除我眼皮上的淤青，解除我的痛苦，所以我没有生气的理由。如果我对你破口大骂或者与你动粗，不但不能把事情解决，还会进一步伤害我的身体，我是不会去做这种得不偿失的事情的。"法师心平气和地说。

听完法师的话，刘明非常惭愧，问清了法师的法号就离去了。

刘明本来是一个脾气十分暴躁的人，上学的时候不思进取，没有考上大学便在社会上混生活了，由于脾气不好，常常和别人打架斗殴，工作也不顺心，于是常常自怨自艾。后来他好不容易结了婚，原本以为可以收收性子，没有想到的是他不但不懂得珍惜夫妻之情，还常常拿妻子撒气，轻则破口大骂，重则拳脚相加。

有一天，刘明去上班的时候发现有一份公文落在家里了，于是他返回去取，没想到的是刚到家门口就听到妻子与一名男子在家中说笑，他十分恼怒，冲进去一把揪住男子的衣服，那个男子惊慌地回头，眼镜跌落到地下，刹那间他想起了那位法师，也想起了法师所说的话，他不停地问自己："生气有用吗？生气能解决问题吗？"

就在一遍遍地询问自己的过程中，他控制住了自己的情绪，冷静下来的他问清楚了情况，原来那位男子是个社区工作者，来家里了解家庭收入情况。刘明向他道歉，客客气气地将他送出家门，回头又向妻子诚恳地道歉，为自己今天和以前的行为表示愧疚。妻子惊异地看着大变样的刘明，但心里甜丝丝的。

从那以后，刘明不但和妻子恩爱度日，和同事之间的关系也有所改善，工作也得心应手了，事业上也有所成就。

面对这样的事情，大多数人都会忽略了生气并不能解决问题，不能像那位法师那样淡然置之，结果让火气盖过了理智，从而在不知不觉中将事情的消极影响扩大，甚至就此酿成大祸。其实，大部分情绪是可以控制的，只要能够让自己冷静下来，找回自己的理智，你就会发现，生气只是自己在寻找无谓的烦恼。

我们在生活中也常常会遇到各种各样令人愤怒的挫折、逆境，不管怎样都需要平静下来想办法解决问题，要明白无论怎样的情况，生气产生的都是消极的作用，是于事无补的。因此，要尽量避免生气上火，尽量怀着愉快的心情去面对生活中的不如意，你就会发现事情往往会柳暗花明。

既然于事无补，何必大动肝火

有时候你会发现，生活中的不如意就像不小心沾上的一粒尘埃，你只需要掸掉它就好，不必花费力气去洗整件衣裳。

有位禅师对兰花十分钟爱，弘法讲经之余，他精心培植了许多兰花，花费了很多时间和心血。

禅师准备外出云游，临行前叮嘱弟子们好好照料那些兰花，弟子们答应下来。接下来的日子里，他们也像师父一样悉心照料这些花儿。

有一天，一位弟子在给兰花浇水的时候不小心将整个兰花架子碰倒了，架子上的所有花盆都摔碎了，兰花也被摔得支离破碎，弟子们惊慌失措，都做好了赔罪领罚的准备。

禅师回来后听说了事情的经过，并没有责怪弟子们。弟子们都疑惑不解，他们好奇地询问禅师："我们将师父如此钟爱的兰花摔坏了，师父为何不生气呢？"

禅师微笑着回答道："生气，并不是我种兰花的初衷。并且生气也不能让我的兰花复活，我生气也没有什么用啊。"

这位禅师无疑是一个智者，即使对兰花如此钟爱，他也没有因失去兰花而生气，因为他十分清楚自己生气也于事无补，所以不去做那些无谓的事情。同样，我们在生活中也应当像这位禅师一样，不因某些得失而影响心中喜怒，要学会在烦恼中开辟出一条安静的路，找到人生当中的另一番祥和。

人之所以会生气，都是源于一种习惯性思维，固执地认为一切错误都在他人身上，自己没有任何问题。然而事实上，你的生气无关他人，造成你生气的根本原因源于你自己。生活中有晴天也有雨天，微笑着面对这些风云变幻，你的心灵才会永远保持一片晴空。在自己即将生气的时候坐下来，深呼吸，保持微笑，试着安抚自己，你会发现心平气和地寻找解决问题的办法比生气要好得多。

早上，安华正要去上班，却在这个时候看见窗外哗啦啦地下着雨。以前都是妻子送他出门的，下雨的时候也是妻子将雨伞递在他手上。可是，这次妻子回娘家了，安华只好自己去找伞。安华不知道雨伞放在何处，东翻西找了一会儿还是不见雨伞的踪影，于是他渐渐失去了耐心，一边找，一边骂，并且不断地抱怨着妻子什么东西都乱放，最后终于忍不住拨通了妻子的电话。

电话刚接通，还没等妻子说话，他就大发雷霆地说："你到底把雨伞藏到什么地方了？我找了好久都没有找到，这可好，找了一会儿雨伞，上班准迟到，你又不上班，平时就不知道收拾收拾，什么东西都乱放。"

安华的妻子本来看见安华的来电很是开心，没有想到自己会劈头盖脸地挨一顿骂，心里既委屈又难过，于是不高兴地说道："伞一直放在阳台上的壁橱里，10年都没有变过，你自己不操心家里的事还对我大吼大叫。"说完就"啪"的一声把电话挂掉了。

安华的妻子本来打算提前回家的，就因为这件事，她安心地在娘家住了起来，安华只好继续过着吃泡面、咸菜的日子。

生气地将东西乱翻，并不能让安华快速地找到雨伞，跟妻子发火，雨伞也不会主动来到他的手上，相反，大动肝火只会让他将事情弄得更加糟糕。安华明白这个道理，却让气愤蒙蔽了内心。试想一想，如果安华在找雨伞的时候能够控制自己的情绪，好好想想以前妻子在雨天送自己出门的时候从家里的什么地方拿出雨伞，心平气和地去那些地方寻找，也许他会很快将雨伞找到，即使他找不到，当他拨通电话的时候温柔地询问妻子，他也能很快解决问题，然后轻松愉快地去上班。

生活中的我们也一样，常常会因为一些小事而耿耿于怀。譬如去饭店吃饭，肚子饿得咕咕叫也不见服务员把饭菜端上来，你是不是很恼火？是不是不停地抱怨，气急败坏，甚至向服务员大声喊叫？其实，理智地想一想，即使有再大的怨气，对方还是会按部就班地工作，而不会让厨师先为你炒菜，与其这样，还不如保持自己的风度，留下体力，安静地等待饭菜上桌。你穿上刚买的新鞋去上班，却在公交车上被人狠狠地踩了一脚，你很生气地大声谩骂对方，对方就会因此弯下腰给你擦干净，或者是赔你一双新鞋吗？答案当然是否定的，所以，还不如在对方说完"对不起"之后，微笑着回应对方一句"没关系"，下车之后自己将鞋擦干净，你会发现对方这一脚并没有夺去新鞋的美丽。

有时候你会发现，生活中的不如意就像不小心沾上的一粒尘埃，你只需要掸掉它就好，不必花费力气去洗整件衣裳。正如遇到让你不愉快的人和事，你不要将其当成不可原谅的过失，努力让自己冷静下来，时刻记住生气给你带来的只是痛苦，而非欢乐，你就会淡然地把这一切当做生命中的小插曲，一笑置之，不着痕迹。

 别让琐碎之事吞噬你的快乐

生气就像滚雪球一样，一开始只是一个小小的雪团，如果我们拿着这个小雪团在地上不停地滚动，雪球就会越变越大。

在湖水的深处生长着一群肉质鲜美、骨刺较少的鱼，它们是水鸟们最喜欢捕食的美餐。为了避免成为水鸟的盘中餐，谨慎小心的鱼儿们从不跳出湖面。

一天，鱼儿们又在湖水的深处游玩，一条鱼不小心撞在了暗礁之上，

顿时感到头晕目眩，昏了过去。醒来后，它看到同伴们正在笑自己，异常恼怒的它不停地绕着那个暗礁打转，抱怨水流太急，抱怨暗礁太险。

没过多久，它的肚皮就被气得圆鼓鼓的，不知不觉间它就浮到了水面上，它没有察觉到自己的危险处境，依然牢骚满腹地在水面徘徊。这时，一只水鸟从湖面飞过，发现了生气的鱼儿，无可避免地，这条小鱼成为了水鸟的美餐。

故事中的小鱼放大了事情的严重性，同伴的笑并没有什么恶意，它却耿耿于怀地将这件事无限放大，最终丢掉了自己的性命。生活中的很多人也是这样，觉得别人的一笑一颦似乎都是针对他的，似乎别人的举动都隐藏着对他的某种图谋，于是挖空心思地去分析那些他认为会对他产生打击的事情，到最后却发现自己为根本不存在的事情偏执地生了很久的气，浪费了不必要的精力。

每个人都有喜怒哀乐，生气是正常的情绪反应，我们不可能让这种情绪消失不见，但是，也不能为一些本不应该生气的琐碎之事而大动肝火，这样的行为不但在他人的眼睛里是极其愚蠢的，当自己冷静下来也会觉得可笑。生活中有些东西是可以忽略掉的，生气的时候要记得给自己一个合理的理由。

连续忙了几个月，这个周末，苏珊终于可以歇息一下了。早上起床的时候她本想打个电话问候一下自己的朋友罗斯，可是她的两个调皮的孩子总是在她身边不停地动来动去，或者拽着她的衣角，或者问她一些问题，把她弄得心烦意乱。烦躁的她终于忍不住向孩子们大喊一声，然后粗暴地挂上电话。孩子们不知道自己犯了什么错，站在那里不知所措。

苏珊的大好心情被破坏了，她想着早上的事情，倒牛奶的时候不小心洒出来烫到了自己，她在心里不停地嘀咕："都怪这两个淘气的孩子。"洗碗的时候她心不在焉，打碎了一只碟子，虽然不值几个钱，但是苏珊十分恼火，认为都是两个孩子的吵闹使她的心情变得十分糟糕。事情还不止这样，洗衣服的时候，苏珊发现她心爱的衬衫上面那颗漂亮的扣子居然出现了一道裂痕。她简直要崩溃了，就这样，她几乎一整天都没有什么好心

情，她带着火气擦地、整理衣物，时不时教训着两个孩子，就这样，她的周末过去了一天。晚上的时候，丈夫回来了，她没有心情说一句话，打了个电话约了罗斯就摔门而去，刚回家的丈夫被她奇怪的举动弄得一头雾水。

苏珊见到罗斯，立即开始诉苦，不断抱怨这一天发生的事情，一边说一边生着气，不断重复着那句："都是这两个捣蛋鬼，弄得我一整天心情都非常糟糕。"罗斯微笑着听完她讲述的一切，说道："孩子有什么错呢？不高兴的事情都是你自己造成的，更何况那是多么微不足道的一些事情啊！你为什么把自己弄得不高兴一整天呢？"

苏珊这才反应过来，孩子还小，缠着大人是常事，为什么自己今天的表现如此糟糕，难道自己果然为了早上的一件小事情而不愉快一整天了？

你是不是也有过这样的经历，在你愤愤不平地向好友抱怨某个同事怎样对你另眼看待、向父母抱怨妻子或者丈夫有多么不理解人之时，却得到这样的回应："就这样的小事情呀。"其实，生活中根本就没有那么多的烦心事，而是你将一些本来无足轻重的小事一而再、再而三地放大，最终为自己套上精神枷锁，不但将自己弄得疲惫不堪，还影响到身边人们的情绪。长此以往，你会发现令你生气的事情越来越多，而理解你的人却越来越少。

生气就像滚雪球一样，一开始只是一个小小的雪团，如果我们拿着这个小雪团在地上不停地滚动，这个雪球就会越变越大。所以，如果你不断地将不快的情绪翻来覆去地强化，最后只会越来越生气、越来越恼怒，甚至把事情弄到不可收拾的局面。

花开一季，草木一春，人的一生也是很短暂的。人生有许多值得我们去努力追寻、抑或是认真体会的事情，每个人都应当将这些事情放在自己的人生计划当中，而不应在那些琐碎的小事上浪费自己的时间和精力，这样才能让自己的人生了无遗憾。

冲动是一种理智的迷失

冲动是思想上的"魔鬼"，冲动做事的人容易走火入魔，给自己和别人带来极大的损失和痛苦，甚至改变自己和别人的命运，造成难以弥补的结局。

一位久战沙场的将军终于厌倦了战争，于是想拜一位著名的禅师为师，出家修行，他诚恳地对禅师说道："慈悲为怀的禅师，我已经厌倦尘世，心无旁骛地一心向佛，请收留我做您的弟子吧！"

"你六根未净，还不能出家，以后再说吧！"宗杲禅师回答说。

"禅师！我什么都能放下，包括妻子、儿女和家庭，难道这样六根还未净吗？请您即刻为我剃度吧！"将军恳求道。

"明天再说吧！"宗杲禅师还是没有立即答应将军的请求。

这天，将军一夜未眠，天刚微亮就来到寺里礼佛，宗杲禅师一见到他便说："将军为什么这么早就来拜佛呢？"

"为除心头火，起早礼师尊。"将军用禅语诗偈道。

"起得那么早，不怕妻偷人？"禅师开玩笑地也用偈语回道。

听了禅师的话，将军顿时火冒三丈，大声骂道："你这老怪物，讲话太伤人了！"

面对将军的谩骂，宗杲禅师哈哈一笑道："轻轻一拨扇，性火又燃烧，如此暴脾气，怎算放得下？"

人生最难的是放下，在尘世间生活了这么久的人们，染上了数不清的红尘习性，是不可能说放下就放下的。所谓江山易改，习性难除，喜怒哀乐是人最本质的东西，要做到淡然处世并不是一朝一夕的事情。就像这个将军，他嘴里说可以放下自己的妻子儿女，但是却被禅师轻轻一激就原形毕露。

俗语有云："人逢喜事精神爽，闷上心来瞌睡多。"人是一种善变的动物，喜怒哀乐常绕心间，但是遇见开心的事也不要高兴过头，物极必反，须提防乐极生悲；遇到不高兴的事也不要随便发火，更不要在冲动之下作任何决定，因为冲动是魔鬼，一旦受了它的控制，人就会不由自主地作出错误的决定。

冲动是思想上的"魔鬼"，冲动做事的人容易走火入魔，给自己和别人都带来极大的损失和痛苦，甚至改变自己和别人的命运，造成难以弥补的结局。历史上不乏这样的例子，比如有名的夷陵之战。

刘备为报东吴夺荆州、杀关羽之仇，不听群臣的劝谏，执意发兵数十万讨伐东吴，孙权派陆逊率五万兵马抵抗。陆逊采取避其锋芒、以逸待劳的战略，利用蜀军在山林中扎寨的弱点，使用火攻，连破蜀军四十余营。刘备全军覆没，仓皇逃往白帝城，不久病死。此次大败，令蜀汉元气大伤。刘备由于一时的冲动，造成了惨败的结局，历史的教训值得深思。

在现实生活中，我们经常会听到"冲动是魔鬼"这句话。然而，又有多少人能真正理解它的内涵，把它作为自己的人生信条呢？当然，人并非不食人间烟火的天上神仙，喜怒哀乐是人的天性使然。正因为人有着丰富的感情，人与人之间、人与社会之间才能构成一种和谐的氛围。但是，动不动就冲动，却绝非一种好的品质；冲动不但会对别人造成难以弥补的伤害，还会让冲动者自己追悔莫及。

一位猎人上山打猎，无奈一直没有收获。连续走了几个小时之后，猎人所带的水已经喝完了，他感觉越来越口渴，却一直没发现水源。当他走到一个山谷时，看到有水滴从上面落下来，猎人连忙从皮袋里取出杯子，耐着性子用杯子一滴一滴地接落下来的水。终于，水接到了七八分满，就在他正准备一饮而尽的时候，一股急风把杯子从他手里吹了下来。

猎人心急怒起，抬头却看见有只老鹰在上空盘旋。他有点生气，可对老鹰又无可奈何，于是他只好重新拾起杯，继续接水。当水滴到七八分满时，老鹰又把水弄翻了。猎人怒到极点，生了报复之心，想整治一下老鹰。

猎人一声不响地捡起水杯接水，当水滴到七八分满时，他悄悄取出匕首，夹在掌心，然后把杯子慢慢往嘴边移近。老鹰又向他飞来，猎人迅速拿出匕首，杀死了老鹰。由于他的注意力集中在杀死老鹰上面而忽略了手中的杯子，杯子掉进了山谷里。

猎人心想，既然水是从山上滴下来的，也许上面有蓄水的地方。于是，猎人忍住口渴，用尽力气往山上爬。终于，他到达了山顶，并看到了一个蓄水的池塘。猎人连忙弯下身子，想喝个饱，却突然发现池塘边有一条大毒蛇的尸体。这时，猎人才恍悟：原来老鹰几次打翻水杯，是担心我喝下受蛇毒污染的池水而被毒死，而我却误会了它，还杀死了它……

猎人非常自责，他发誓：此后绝不在生气时作决定。

怒气如同一颗炸弹，人们在生气时作出任何决定，都可能失去理性，给自己和他人造成损失。如果猎人能够多一点耐心，少一点怒气，他就不会用匕首杀死那只救了自己性命的老鹰。可惜，人生不会重来，自己做错的事还要由自己来承担。这个故事启示我们，在生活中一定要少生气，尽量不生气，好好爱惜自己；永远不要在生气时作决定，这样才能让人生之路少一些遗憾。

误会，往往是人在不了解事情真相、缺乏理智、缺乏耐心、不经思考、感情极为冲动之下所发生的，其后果便是伤人伤己。

冲动是一种理智的迷失，是为人处世的大敌。人在一生当中，个人利益经常会受到他人有意或无意的侵害，如果你抑制不住冲动和鲁莽，动不动就发怒、大动干戈，你将永远生活在无尽的烦恼和悔恨之中。

遇事"三思而后行"，是治疗冲动最好的良方。学会自警自戒、善于控制冲动，是一种心态的调整、性格的修养、精神的净化。自觉地培养和锻炼自己的意志力和控制力，形成良好的心理素质，是人们成就事业的前提和享受健康、快乐、幸福人生的基石。

生气不会给人生带来美丽的音符

在成功的道路上，有时候阻碍你前进的并不是缺少机会，抑或是资历浅薄，而是你缺乏对自己情绪的控制。

有一位法师，他在寺院后的山洞里修行十年后才回到寺院里，之后他每晚都会在大殿里通宵打坐。

有一天，大殿上功德箱里面的钱突然丢失了，他无疑成为众人怀疑的对象。因为大家都知道他每晚都会在大殿内打坐，如果是别的盗贼前来行窃，他应该知晓才是。但是，当寺院主持当众说这事的时候，他并没有任何的反应，所有人都认为偷功德款的人一定就是他了。所以，寺中的众僧人以及居士无不对他另眼相看，都向他投来鄙视的目光。

但是，这位法师处在这种人人怒目相视的环境中，仍然能够心平气和，若无其事。他既没有站出来喊冤叫屈，向众人申明一切，也并没有流露出半点儿受委屈的情绪，与平常没有两样，每天按时去吃饭，每晚还是照样去大殿打坐。

终于，在七天后，寺中的主持站出来揭开了谜底：原来功德款根本没有丢失，这是主持在考验他，想知道他在山洞中住的十年里修炼出了什么样的境界。没料到他竟能在遭遇冤枉的情况下依然不改常态，以一颗平常心去生活，为此，全寺上下无不由衷地对他产生了崇敬。

世界上没有绝对的公平，有的时候你难免受到别人的误解和指责，这个时候的态度往往决定着你的成败。像那位法师那样坦然面对、淡然处世才能经受住各种考验，使你的人生境界得到升华。其实，在成功的道路上，阻碍你前进的并不是缺少机会，抑或是资历浅薄，而是你缺乏对自己

情绪的控制——愤怒时不能制怒，使所有的人对你敬而远之，消沉时放纵自己萎靡不振，让稍纵即逝的机会从指缝中溜走。

综观古今中外，那些颇有成就的人大多并不一定有如何聪颖的天资、有如何高明的手段，但是他们大能将情绪收放自如。这时候，情绪已经不仅仅是一种情感的表达渠道，而是人生攻防中使用的兵器了。

加藤信三本来只是狮王牙刷公司里的一个普通的小职员，工作非常辛苦。有一次，因为前一天夜里加班到很晚才休息，所以第二天早上闹钟响起的时候他还昏昏沉沉的。他强迫自己起床，然后去洗漱，再赶到公司去上班。但是，他越着急事情越乱，匆忙中他又将牙齿刷出血来，这使他火冒三丈——身为牙刷公司的职员，使用自己公司生产的牙刷竟然刷出了血。他非常恼火，满腹牢骚地冲出家门上了电车。

他怒气冲天地走进公司的大门，打算去技术部门发一通牢骚，但是在半路上，他的脚步渐渐缓慢下来，心情也渐渐地平静下来。

"发火就能解决问题吗？当然不能。"在自问自答中，他走进了办公室。他开始和同事们讨论牙刷会将牙齿刷出血的问题，并提出了如何改变牙刷毛质和牙刷造型、怎样排列牙刷毛才能更好地清洁牙齿又不会伤害牙龈的各种改进方案，然后开始通过各种实验选择最好的方案。终于，他发现牙刷毛是由机器切割的，因此，刷毛的顶端都是锐利的直角，这才是问题产生的真正原因，发现了这一点，令他欣喜若狂。

只要改变牙刷毛的切割方式，把那些直角都变成圆角就可以让牙刷更加实用。同事们十分赞同他的提议，多次实验之后，加藤信三和几位同事将一份成熟的方案递交给上司，公司迅速投入资金生产，于是，新的狮王牌牙刷就诞生了，这种牙刷十分受欢迎，公司因此大大盈利。加藤信三由于为公司作出了巨大贡献被提升为主管，后来，他成为了公司董事长。

生活中的你在遇见加藤信三这样的情况时会怎么做呢？是努力控制住自己的情绪，像加藤信三那样去寻求改变现状的方法，还是不管三七二十一，先发泄一通再说？如果你选择了前者，那么，你离成功又近了一步；

如果你选择了后者，你难免会蒙受情绪的拖累，从而和成功失之交臂。

每个人都会有冲动的时候，但聪明人会很快认识到情绪会给他们带来无法预料的后果，他们会把即将爆发的情绪立刻收回，让自己迅速地冷静下来，或者是在即将爆发的时候转身离去，不把情绪带来的不良反应传给他人。控制自己的情绪，能够体现一个人的涵养和处世态度。如果情绪处理得当，便能将阻力化为助力，帮助你化险为夷、化曲为直；如果处理不当，你则可能会做出非理性的言行举止，轻则误事受挫，重则一蹶不振。

要相信，生气不能给你的人生带来任何美丽的音符，更不会美化你人生沿途的风景，因此，你应当学会控制自己的情绪，与其跟人生气，不如自己争气，好好地经营自己的人生。

没人会欣赏生气的面孔

在人生的舞台上，没有人会去欣赏一场生气的表演，如果你尽情地去演绎，最终受伤的还是自己。

古希腊神话中，科林斯国王西绪弗斯因为得罪了宙斯，死后被打入地狱受惩罚。从此，他遭受永无止境的苦役——将一块巨大的石头从奥林匹斯山下徒步推到山顶，但当巨石被推到山顶的时候，它又会自动地滚落到山下，如此周而复始，这就意味着西绪弗斯永远也不能完成将巨石推上山顶的任务，永远都要单调地重复令他十分苦恼的苦役。

突然有一天，当西绪弗斯正全力以赴做这项工作，并全神贯注地观察自己的每一个动作时，他忽然间发现自己推动巨石的每一个动作是那么优美、那么和谐。于是，他满意地欣赏并专注地观察着自己全力以赴的每个动作，忽然间，他的内心产生了一种尊贵、满足与快乐的感觉，于是，他内心所有的苦恼、疲惫、绝望统统消失得无影无踪……

西绪弗斯全身心地欣赏且享受着这份苦役，于是，他就不再抱怨和焦虑了。正在他欣赏自己每一个动作的美感时，奇迹便在他身上发生了，诅咒在一刹那间解除，巨石也不再滚回山下，西绪弗斯也从永无止境的苦役中获得了自由。

的确，任何人都喜欢迎接一副由于饱含热情而微笑的面孔，神也不例外。要知道，没有人喜欢欣赏一副生气的面孔，即便是你血浓于水的亲人、无话不谈的知己，他们虽然会包容你的任性和冲动，但是你愤怒的容颜一样会让他们生厌，甚至会影响你们之间的感情，更不必说工作中或者其他方面的人际关系了，容易动怒将会断送你的好人缘。

如果说微笑是优雅的外衣，那么，愤怒则是粗鲁的披风。当愤怒像瘟疫一样不断扩散的时候，人们会因此远离你。美国的威尔逊总统说过一句话："如果你握紧了两个拳头来找我，我可以告诉你，我的拳头会握得更紧。"每个人都会全力以赴地保护自己，当你的愤怒给别人造成伤害的时候，别人也很可能会用同样的方式来回应你。所以，在人生的舞台上，没有人会去欣赏一场生气的表演，如果你尽情地去演绎，最终受伤的还是自己。

杰克刚刚在政坛上崭露头角，即将参与竞选的他经人引荐去拜访一位资深的政界人士，他希望这位叱咤政坛的前辈能传授一些取得成功的经验，教教自己如何获得更多的选票，为竞选添加筹码。

听了杰克的来意，这位资深的政界人士很乐意和他谈一谈，但是在谈话之前他提出了这样一个要求，如果杰克每打断一次他说的话，就得付5美元。

"好的，没问题。"杰克很爽快地答应了他的条件。

"很好，那我们马上开始。首先就是，你对于你所听到的那些对自己诋毁或者污蔑的语言，一定不要感到愤怒，并且时刻都要注意这一点。"资深人士说道。

"这个我可以保证自己能做到，无论别人说什么话我都不会生气，对于他们的话我丝毫不会在意。"杰克自信满满地回答。

"哦，那很好，不生气是我成功经验里的第一条，也是最重要的一条。但是现在，坦白地说，我不希望像你这样一个没有道德的政治流氓能够当选……"

"什么？先生，您不能这样……"杰克打断了资深人士的话。

"请付 5 美元。"资深人士向杰克伸出了手。

"噢! 天! 这只是一个教训，对不对?"杰克辩解道。

"是的，没错，这是一个教训，然而，这事实上也确定是我个人的看法……"这位资深的前辈轻蔑地说。

"您为什么要这么说……"杰克似乎要发怒了。

"请付 5 美元。"

"啊! 噢!"杰克气急败坏地说道，"您的这 10 美元获得的也太容易了，这又是一个教训。"

"当然，你是不是应该先把这 10 美元付给我，然后再继续进行交谈呢？我也不想这样，可大家都觉得你是一个不讲信用和喜欢赖账的人……"

"你太可恶了，你怎么可以这样诋毁我……"杰克几乎暴跳如雷。

"请付 5 美元。"

"啊! 又是一个教训，哦，我必须试着控制自己的情绪。"杰克安慰着自己。

"很好，之前我说的那些话并不出自于我的本意，现在我收回。我觉得你是一个让人尊敬的人，因为考虑到你卑贱的家庭出身，毕竟你的父亲是那样一个声名狼藉的人……"

"你才是个声名狼藉的恶棍!"杰克气得跳了起来。

"请付 5 美元。"政界前辈气定神闲地说，"现在，已经不是 5 美元的问题了，你要知道，每发一次火或者每当因自己受到侮辱而生气的时候，你就会因此至少失去一张选票。对你来说，选票可远远比银行的钞票要值钱得多。"

在这次谈话中，杰克最终学会了自我克制，但是他为此付出了高昂的"学费"。

杰克花了好多个5美元来上了这样一堂课，学会了应当怎样面对外界环境的干扰，怎样摆脱愤怒的情绪。如果没有这一课，他可能会因此付出巨大的代价，失去选票，甚至会因此永远告别政坛。我们在生活中却不一定有机会得到这样"深刻"的教导，因此我们更需要注意不要为生气而做出太大的牺牲，一定要学会控制自己的情绪。

生活中你也许会遇见这样的人，他们故意激怒你，让你暴跳如雷，目的就是想看到你生气的丑态，把看你出丑当作一种乐趣。面对这样的情况，你更加没有生气的理由。精明的你一定不会让他们得逞，别人越是想激怒你，你越要离愤怒的圈套远一些，让正躲在角落里等着看你出丑的人失望而归。否则当别人知道你跳进了生气的陷阱之后，只会给你贴上"笨蛋"的标签。更多的时候，那些让你生气的人并不是有意去惹怒你，但你却因此而生气，这样听起来更让人觉得可笑，对方对于你的生气根本就不知情，你却为此大发雷霆，你所有的愤怒都只是自编自演的一场独角戏。

生气，可能会帮你宣泄心头的不满，但是绝对不会在别人的心中留下好的印象，风度是从来不会和生气为伍的。因此，人们要学会尽量去控制自己的情绪，别成为生气的奴隶，因为不受情绪的摆布，是保持风度的不二秘诀。

第12章
有一颗知足心，你会更自在

常言道：知足常乐。人生是否快乐，关键看你是否懂得知足。

面对着各种满足不了的欲望，我们需要换一个角度去理解。人生路上，不管成败，我们都要学会对自己说："知足常乐，适可而止，顺其自然，无须苛求，不以物喜，不以己悲，这样才会获得快乐，活出自在。"

 # 快乐就是拥有少一点

其实快乐很简单，只要你懂得知足，不抱怨付出，不计较得失，有一颗真诚坦荡的心，快乐真的就在你身边！

不知从什么时候开始，"郁闷"这个词成为现代人的口头禅，常常听到有人说："真郁闷啊！"他们抱怨工作忙，抱怨生活累，抱怨上司严，抱怨收入少，抱怨自己付出的比别人多……他们的生活似乎已经没有快乐可言。

快乐是一种心情，不快乐的原因在于"心"。而人们的心被"欲望"抹去了原有的纯真，双眼被"名利"蒙蔽了原本的明亮。所以，人们的"心"开始斤斤计较，不再知足，也不再快乐。

生命的快乐在于心的感受，在于你对周围事物的感受。你期待快乐，便会得到快乐；你找寻快乐，便会发现快乐。

快乐真的很简单，只要你静静地感受，快乐就在你身边。当你心灵宁静的时候，一句话，一声问候，一抹微笑，一汪眼神，一段文字甚至一滴水，都会让你感觉到快乐。

有个小孩对母亲说："妈妈你今天好漂亮。"母亲问道："为什么？"小孩说："因为你一天都没有生气。"原来要拥有漂亮很简单，只要不生气就可以了。

有一个人去应聘工作时，随手将走廊上的纸屑捡起来，放进了垃圾桶。他的举动恰好被路过的面试官看到了，因此他得到了这份工作。原来获得赏识很简单，养成好习惯就可以了。

有几个小孩很想当天使，上帝给他们一人一个烛台，要他们每天把烛

台擦亮，结果好几天过去了，上帝都没来，于是有些小孩就不再擦拭烛台。有一天上帝突然造访，只有一个烛台是干干净净明明亮亮的，那是分给被大家叫做笨小孩的一个孩子的烛台。因为上帝没来，他也每天都擦拭，结果这个笨小孩成了天使。原来当天使很简单，只要实实在在去做就可以了。

有个牧场主人，叫他的孩子每天在牧场上辛勤地工作，朋友对他说："你不需要让孩子如此辛苦，农作物一样会长得很好的。"牧场主人回答说："我不是在培养农作物，我是在培养我的孩子。"原来培养孩子很简单，让他吃点苦头就可以了。

有个青年在脚踏车店当学徒，有人送来一部有故障的脚踏车，青年除了将车修好，还把车子擦拭得干干净净。其他学徒笑他多此一举，后来客人将脚踏车领回去的第二天，小弟就被挖到那位客人的公司上班。原来出人头地很简单，多干点活儿就可以了。

有一家商店经常灯火通明，有人问："你们店里到底是用什么牌子的灯管？那么耐用。"店家回答说："我们的灯管也常常坏，只是我们坏了就换而已。"原来保持明亮的方法很简单，只要常常更换灯管就可以了。

住在田边的青蛙对住在路边的青蛙说："你这里太危险，搬来跟我住吧！"路边的青蛙说："我已经习惯了，懒得搬了。"几天后，田边的青蛙去探望路边的青蛙，却发现它已被车子压死，横尸在马路上。原来掌握命运的方法很简单，远离懒惰就可以了。

有一支淘金队伍在沙漠中行走，大家都步伐沉重，痛苦不堪，只有一人快乐地走着，别人问："你为何如此惬意？"他笑着："因为我带的东西最少。"原来快乐很简单，拥有少一点就可以了。

除了上面讲到的这些，在我们的周围还存在许多可以引发快乐的例子，只是我们的眼都被世俗名利所蒙蔽，没有发现。原来快乐真的很简单，爱我们的生活，爱我们身边的每一个人，爱这个美好的世界；珍惜亲情，珍惜爱情，珍惜友情，珍惜每一份感情，快乐就在你的身边。

快乐是一种修行，当我们有苦恼的时候，要相信快乐其实可以自己创造出来，而不必任凭坏心情一点点地蚕食我们的理智。当你心情烦闷时，穿上运动服，来次慢跑，让自己出一身汗，再冲个热水澡；当你工作压力大时，不必整日愁眉苦脸，请走到室外，对着蓝天白云，张开双臂，好好享受大自然的呵护；你还可以上上网、聊聊天、听听音乐……其实，快乐属于我们每一个人，它也是可以由我们自己创造的。快乐就在那一次慢跑中，就在那一次深呼吸中，就在那一段美妙的音乐中。

从前，有几位年轻人到处寻找快乐，却遇到许多烦恼忧愁和痛苦。他们一个个垂头丧气，觉得这个世界并没有真正的快乐，于是，他们准备放弃。在他们心灰意冷的归途中，他们看到了一个垂钓江边的老翁。老翁神态怡然自得，时时轻捋长须，十分悠闲。年轻人走上去，问道："老伯伯，您快乐吗？"

"我很快乐！"老翁回答。

"为什么？"年轻人说。

"因为我远离喧嚣，垂钓碧江，我在享受我的生活。"老翁答道。

年轻人脸上疑云遍布，不解。

老人思忖说："你们去拜访苏格拉底吧，他或许可以解决你们遇到的问题。"说完继续面朝大江。年轻人点点头。

苏格拉底是名人，古希腊哲学三圣之一，柏拉图的老师，有名的大哲学家。几天后，年轻人找到了苏格拉底，问道："我们在寻找快乐，却遇到了痛苦，快乐到底在哪里？"

"你们先帮我造一条船。"苏格拉底说。

年轻人还是一头雾水，但答应了，就把寻找快乐的事放到一边。他们各自商量好，找来了造船工具，用了七七四十九天，锯倒了一棵大树，挖空树心，造出了一条独木船。他们看到自己的劳动成果，虽然很累，但每个人的心里都异常兴奋。当晚大家相约去庆祝了一番，全然忘了寻找快乐的事。

第二天，他们把独木船抬到江边，并请来了苏格拉底，苏格拉底满意地点点头。于是大家把船推到水里，一起上到船里，一边合力荡桨，一边齐声唱起歌来，歌声在整个空旷的江面回荡。

这时，苏格拉底问："孩子们，你们快乐吗？"

"快乐极了！"他们齐声回答。

"那你们找到了自己想要的答案了吗？"苏格拉底问道。

年轻人恍然大悟，说："原来我们都为了寻找快乐而久久苦恼，但在忘记寻找快乐中我们不知不觉找到了快乐。"

"呵呵，其实快乐并不需要刻意去寻找，它其实就在我们每个人的身边，只要你们融入生活，有目标，有追求地去做一件事情，并做好每一件事，那么快乐就会如约而至。"苏格拉底说道。

这时，年轻人也深刻地理解了垂钓老翁的话，并领悟到了快乐的真谛。

他们欢快地荡舟于江上，舟上载着一群快乐的人。

人们不善于预测快乐，因为快乐是祈求不到的，当你追求快乐时，它无影无踪，而你忽视它时，它却不期而至。其实，快乐是因为你做了快乐的事情，当你把某一件事情做好了，你对自己的行为感到满意，你就会快乐。许多人重视快乐的感受，却不重视去做快乐的事情，不去行动，只去思考和感受是不会快乐的。

适可而止，才能描绘人生最美的图画

世界上没有十全十美的事情，刻意追求有时不仅不能做到完美，反而让你更惆怅。因此，知足常乐、适可而止、顺其自然是人生的至理名言，也是我们为人处世的智慧和哲学。

人生就是充满缺陷的旅程，从哲学意义上讲，人们永远不会满足于自

己的思维、自己的生存环境和生活水准，这就决定了人们会不断创造和追求，假若事事都能做到十分，难道不是一种停滞吗？人们哪里还有追求的动力呢？人的欲念无止境，当得到不少时，仍指望得到更多。一个贪求厚利、永不知足的人，等于是在愚弄自己。贪婪是一切罪恶之源。贪婪能令人忘却一切，甚至自己的人格。贪婪令人丧失理智，做出愚昧不堪的行为。因此，我们真正应当采取的态度是：远离贪婪，适可而止，知足者常乐。

我们想要得到的东西很多很多，可又有谁知道，当我们得到了我们想要的某种东西，同时又失去了什么呢？2000多年前的老子清醒地认识到人类贪欲自私的弱点，告诫世人千万要注意，不要因追名逐利而丧失本真，要克制自己的欲望，"见素抱朴，少私寡欲"，顺应自然，知足知止。要知道"甚爱必大费，多藏必厚亡"，物极必反，过分的爱惜会导致极大的耗费，过多的敛取必定导致重大的损失，盛极而衰是已被历史证明了的道理。所以，在名与利、得与失上，人们要时刻保持清醒的头脑和明智的选择，只有这样，才可以"知足不辱，知止不殆"，生命、名声、利益才可以长久。

有一个小孩，大家都说他傻，因为如果有人同时给他5角和1元的硬币，他总是选择5角，而不要1元。有个人不相信，就拿出两个硬币，一个1元，一个5角，叫那个小孩任选其中一个，结果那个小孩真的挑了5角的硬币。那个人觉得非常奇怪，便问那个孩子："难道你不会分辨硬币的币值吗？"孩子小声说："如果我选择了1元钱，下次你就不会和我玩这种游戏了！"这就是这个小孩的聪明之处。的确，如果他选择了1元钱，就没有人愿意继续和他玩下去了，而他得到的，也只有1元钱！但他拿5角钱，把自己装成傻子，于是"傻子"当得越久，他就拿得越多，最终他得到的，将是1元钱的若干倍。

在现实生活中，我们不妨向那"傻小孩"看齐——不要1元钱，而取5角钱。而更多的人在社会上，却常有一种不拿白不拿、不吃白不吃的不知足的心态。对于人生、事业的追求，有人把适可而止与遗憾看成是对等的。其实，一个人只要是按照自己的能力所能承载的度适可而止的话，那便没有什么可以遗憾的。

人生有很多的风景，但并不是每一处你都能够欣赏到，适可而止是一种大智慧。适可而止说的就是一个度，过了这个度事情就与人们原本的意愿相违背了。

适可而止是一种境界，也是一种睿智。人要奋斗，要进步，但适可而止会让我们明白在哪里是需要止步的。学会停止是对生命的尊重和敬畏，也是对生活的珍视和负责。每个人的生命和能力都有自己的极限，超过这个极限事情可能就会适得其反。不顾自己所能承受的载荷而一味地"勇往直前"，是对生命的不负责。人的生命只有一次，和生命相比，无论怎样的高度都是次要的，正确地估计自己的能力，量力而行、适可而止的人，才更有可能描绘出人生最美的图画。

知足后心境才能平和

"足"和"不足"是对立的，但是，也是辩证的。知"不足"，所以才知"足"；不知"不足"，所以才不知"足"。"不足"，才可以知"足"；不知"足"，便总是"不足"。

人的欲望是没有止境的，人们为了追求更高的目标和享受而奔波忙碌、拼搏奋斗这无可厚非，但是，社会和生活能满足人们的欲望的程度总是有限的。

一位哲人曾说过，人生苦恼的最根本原因就在于，每个个体的需要的多样性与满足其需要的能力的有限性形成了矛盾。这种矛盾是人生的矛盾焦点，这种矛盾存在于每个个体的身上，只不过有些人的矛盾会表现得更突出、更尖锐、更激化。

人们的苦恼也来源于自身的欲望。人有欲望、有需要并没有什么错。人的这种非自足性、非完满性会激发出斗志，让人奋发图强，推动社会向前发展。可很多人错就错在不断地追求、索取，以为这样就能获得更多的快乐。

而快乐与知足有关，只有知足后人的心境才能平和，待人才能祥和，微笑才能自然，虽然一日三餐清茶淡饭，也能够享受生命的天伦之乐。这种人生境界是整日泡在荣华富贵之中，而又永远没有满足感的人所无法想象的。

一人在岸边垂钓，旁边几名游客在欣赏海景，只见垂钓者竿子一扬，钓上了一条大鱼，足有两尺多长，落在岸上后，仍腾跳不止。可是垂钓者却解下鱼嘴内的钓钩，顺手将鱼丢进了海里。

游客们一阵惊呼，这么大的鱼还不能令他满意，可见垂钓者雄心之大。

就在众人屏息以待之际，垂钓者鱼竿又是一扬，这次钓上的是一条一尺半长的鱼，垂钓者仍是不看一眼，顺手扔进海里。

第三次，垂钓者的钓竿再次扬起，只见钓线末端钓着一条不到一尺长的鱼。围观众人以为这条鱼也肯定会被放回，不料垂钓者却将鱼解下，小心地放回自己的鱼篓中。

众人百思不得其解，就问垂钓者为何舍大而取小。

垂钓者回答说："喔，因为我家里最大的盘子只不过有一尺长，太大的鱼带回去，盘子也装不下，所以只好要小的。其实小鱼挺好，做起来也没那么麻烦呀。"

在现实生活中，"足"是暂时的，而"不足"却是永恒的。如果一个人时时处处以"足"作为目标追求，那他得到的将是时时处处的"不足"。反之，如果一个人时时处处以"不足"的态度对生活的事实予以理解和接纳，那么他对自己的感受反倒是时时处处都是"足"了。

"足"和"不足"是对立的，但是，也是辩证的。知"不足"，所以才知"足"；不知"不足"，所以才不知"足"。"不足"，才可以知"足"；

不知"足"，便总是"不足"。足不足是物性的，知不知则是人性的。以人性驾驭物性，便是知足；让物性牵制人性，就是不知足。足不足在于物，非人力所为；知不知在于人，非贫富贵贱所左右。

平淡者知足。人生最大的烦恼不在自己拥有得太少，而在自己向往得太多。庄子云："其嗜欲深者，其天机浅。"就是说一个人的欲望多了，就缺少智慧与灵性。所以，一个人要时刻节制嗜欲，减少思虑，弃除烦躁，杜绝尘劳，省精保神，以平淡的心态对待生活的诱惑和干扰，让自己的灵魂安然于梦。但是，安守平淡，并不是不求进取，也不是无所作为、放弃追求，而是要以一颗平淡的心态来对待人生。

俭朴者知足。俭朴自古以来就是中华民族的传统美德，俭朴的生活方式使一个人的内心感到充实。有恬淡修养的人，他在物质上永远感到满足。所以，俭朴者时时都感到快乐，处处都觉得幸福。反之，物欲愈多，人想要享受和占有的欲望就愈大，随之带来的痛苦、烦恼也就愈多。

惜福者知足。人生在福中要知福。人生福寿禄，大致都有一个定数。珍惜福分的人，福常有余；暴殄天物的人，福常不足。知道无忧无虑的生活来之不易，知道还有人比自己生活得更辛苦，这就是一种难得的福分。只有抱持这种心态，你才不会小看这一福分，也不会浪费这一福分，更不会养成奢靡颓废的不良习惯。

卸下生命不能承受之重

无论遭遇了什么磨难，你都不要一味地抱怨命运是多么的不公平，甚至从此悲观失望，厌倦世俗。在充满苦难的生命中，没有过不去的事，只有过不去的人。

一位哲人曾说过："你来到人世间，要想活得潇洒，活得自在，活得快乐，应该有一种乐观向上的情怀。"一个人有了乐观的情怀，面对任何危难就都不会恐惧、不会忧郁、不会烦恼了。

生活中越来越多的人觉得自己被实实在在的生活压得喘不过气来。很多人不堪承受生命之重，因为他们被占有物质财富——好房、名车、高收入、高开销等欲望折磨得疲惫不堪。其实，物质财富并不像很多人想象的那样重要。有许许多多的人是在令人难以察觉的绝望状态下生活的。这在工业化程度较高的西方国家，情况尤其严重。美国心理学家戴维·迈尔斯和埃德·迪纳已经证明，物质财富是一种很差的衡量快乐的标准，人们并没有随着社会财富的增加而变得更加快乐。

人们总是容易倾向于把拥有物质的多少、外表形象的好坏看得过于重要，用金钱、精力和时间换取一种有目共睹的优越生活，却没有察觉自己的内心在一天天枯萎。事实上，只有真实的自我才能让人真正地容光焕发，当你只为快乐的自己而活，而不在乎外在的虚荣时，快乐和幸福才会润泽你干枯的心灵，就如同雨露滋润干涸的土地。我们需求得越少，得到的快乐就越多。

我们却常常会有一种被挤压感，一种不论身在哪里都被压得喘不过气来的感觉。这种不合时宜的感觉处处为难我们，迷乱了我们对生活的憧憬和热爱。一天天变化的人，一天天变化的社会环境，让我们觉得有些措手不及，我们渴望轻松和快乐，可是却往往找不到通向轻松和快乐的通道，只有沉重的感觉如影相随地跟着我们。

有时我们的内心充满了紧张压抑感，是因为我们对不可预知的未来充满了忧虑和恐惧，总担心有什么灾难会突然降临到我们头上，俗话说："月有阴晴圆缺，人有旦夕祸福。"这就是说，现实要比人们想象的复杂得多。有时并不是你所遭遇的环境使你受到挫折，而是由于你自己的消极想象引发你内心的迷乱。

一个青年背着个大包裹千里迢迢跑来找无际大师，他说："大师，我是那样的孤独、痛苦和寂寞，长期的跋涉使我疲倦到极点；我的鞋子破了，荆棘割破双脚；手也受伤了，流血不止；嗓子因为长久地呼喊而喑哑……为什么我还不能找到心中的阳光？"

大师问："你的大包裹里装的什么？"青年说："它对我可重要了。里面装的是我每一次跌倒时的痛苦，每一次受伤后的哭泣，每一次孤寂时的烦恼……靠它，我才能走到您这儿来。"

于是，无际大师带青年来到河边，他们坐船过了河。

上岸后，大师说："你扛上船赶路吧！"

"什么，扛上船赶路？"青年很惊讶，"它那么沉，我哪里扛得动？"

"是的，孩子，你扛不动它，"大师微微一笑，"过河时，船是有用的。但过了河，我们就要放下船赶路，否则，它会变成我们的包袱。痛苦、孤独、寂寞、灾难、眼泪，这些对人生都是有用的，它们能使生命得到升华，但须臾不忘，就成了人生的包袱。放下它们吧！孩子，生命不能太沉重。"

青年放下包袱，继续赶路，他发觉自己的步子轻松而愉悦，比以前快得多。

原来，生命是可以不必如此沉重的。其实，人这一生能得到什么呢？只有过程，只有注满在这个过程中的心情。所以，一定要注满好心情。既然很多事情无可挽回，我们为什么不将注意力转移开来，将自身的各种沉重的情绪化为永恒的美好，何必苦苦执着于那些令自己不愉快的经历，而坚持做一个悲剧英雄？

乐观的态度是孤独沙漠中的驼铃，是清澈小溪中的一尾游动的鱼，是嘈杂乱世中一处安静的处所。它教会我们在痛苦中享受生活，在浩瀚无垠的生命的长河中体味生命的真谛。

有时候，人的承受力远远超出我们的想象。人总是在遭遇一次重创之后，才会明确地认识到自己的顽强和坚忍。因此，无论遭遇了什么磨难，你都不要一味地抱怨命运是多么的不公平，甚至从此悲观失望，厌倦世俗。在充满苦难的生命中，没有过不去的事，只有过不去的人。

燕妮与马克思可谓是一对患难夫妻，他们十分相爱，但命运往往喜欢

刁难他们。在马克思被排挤的灰色岁月里，他们一家人只有用甘薯充饥，在寒冷的冬日的夜晚，一家人挤在一张狭小的床上。马克思写好的论文无法寄往城市，因为没有邮费，他们的孩子不得不退学，最后，孩子因为没有钱治病死在家中，燕妮与马克思连埋葬孩子的钱都没有。可就是在这种痛苦的环境下，燕妮说，她最快乐最幸福的时刻，就是在灯光下为马克思整理潦草的笔记。

命运带给燕妮痛苦的生活，让她体味到世间疾苦，而坚强的燕妮在这样恶劣的环境下，仍能体会到幸福与快乐。燕妮是个懂得享受生活的人：她懂得了生命的真谛，她是真正活着的人。

寻寻觅觅，何时才能让生命本色回归自然？何时才能从精神泥潭中突围而出？何时才能锁定新的人生坐标？何时才能让满是皱纹的心灵舒展开来？人为什么要充满烦恼呢？人为什么要痛苦呢？其实，烦恼与痛苦是每个人都会遇到的事情。有的人深陷其中而难以自拔，而有的人却能够坚强地走出来。当烦恼与痛苦找上你时，你要想，它并不是永恒的，它终会过去的。

岁月蹉跎，时光荏苒，历史长河的流沙滚石中，总会沉淀出几许清澈的浅湾。人活着便注定要奔波与劳碌，我们所能做的就是别让心太累。请相信，那些生命中不能承受之重终会随风飘散，而快乐也会找上你的。

 ## 拥有自在的人生远比财富更重要

财富确实可以满足人的生存需求和生活欲望，但如果有人汲汲于财富，财富将成为生活的负担。要想拥有自在的人生，我们就必须谨记：生活是本，财富是末，切忌本末倒置。

幸福其实就是一种期盼，是一种心灵的感受。只要我们用心去发现，用心去感受，就会发现幸福其实就在我们身边，只是这样的幸福常常被我们忽略。每个人对幸福的感觉和要求都不相同，一个懂得满足、懂得知足的人才更容易得到幸福。

林语堂告诉我们：知足常乐的秘诀是懂得如何享用你所拥有的，并割舍不实际的欲望。可多数人却是拥有了却不知珍惜，反而想要的更多。人想拥有更多的财富无可厚非，但财富是个无底洞，我们总希望拥有尽可能多的财富，但往往会在这个过程中失去自己的本真。

人都有趋利避害的天性，见利不能不求，见害不能不避。这种天性使人不仅仅满足于吃得饱、穿得暖，还有更多的欲望，有更多对于美好事物尤其是财富的追求。然而，人对美好事物和财富的追求如果无节制地膨胀下去，就会变成贪婪的欲望。

有个人穷得连床都买不起，家徒四壁，只有一张长凳，他每天晚上就在长凳上睡觉。但这个人很吝啬，他也知道自己有这个毛病，可就是改不了。

他向上帝祈祷："要是我发财了，我绝不会像现在这样吝啬。"

上帝看他可怜，就给了他一个装钱的口袋，说："这个袋子里有一个金币，当你把它拿出来后，里面又会有一个金币，但是当你想花钱的时候，只有把这个钱袋扔掉才能花钱。"

那个人欣喜若狂，他不断地往外拿金币，整整一个晚上没有合眼，最后地上到处都是金币。他这一辈子就算什么也不做，这些钱也已经足够他花用了。

每次当他决心扔掉那个钱袋的时候，他都很舍不得。他就不吃不喝地一直往外拿着金币，终于屋子里装满了金币。可是，他还是对自己说："我不能把袋子扔了，金币还在源源不断地涌出，还是等金币更多的时候再把袋子扔掉吧。"

最后，他虚弱得连把钱从口袋里拿出来的力气都没有了，但他还是不肯把它扔掉，最终死在了钱袋的旁边。

这个人既贪婪又吝啬，有多少财产也不知足，结果最后穷得只剩下金子，连生命都搭了进去。巴尔扎克笔下的吝啬鬼葛朗台虽然拥有很多金钱，但他每天也就是听听金币的响声，他舍不得吃，舍不得喝，舍不得给女儿陪嫁妆，最后落得个众叛亲离的下场。

我们生活中最重要因素，不是我们与物质的关系，也就是说，我们与财富、金钱的关系并不是最重要的；我们生活中最重要的关系是人与人之间的关系，是我与你、我与他，我们与大家、我们与他们、我们与你们的关系。这些关系的维护，靠的绝不仅仅是价值和财富。如果把人与物质的关系中的欲望投射到人与人的关系上，那么人与人之间形成的就必然只是功利关系。这不仅是人生命的异化，而且也是人生意义和价值的虚无化。

因纽特人捕狼的办法世代相传，很特别，也很有效。严冬季节，他们在锋利的刀刃上涂一层新鲜的动物血。等血冻上了，他们再涂一层，再让血冻住，然后再涂。如此反复，很快尖刀就成了硬邦邦的血坨。

下一步，就是把用血裹住的尖刀反插在地上，刀把结实地扎在地里，刀尖向上。当狼顺着血腥味找来的时候它们会兴奋地舔食刀上新鲜的冻血，融化的血液散发出强烈的气味，在血腥味的刺激下，它们会越舔越快，越舔越用力，直到所有的血被舔干净锋利的刀锋暴露在外。但狼这时已经嗜血如狂，它们猛舔刀锋，在血腥味的诱惑和严寒的麻痹下，它们根本感觉不到舌头被刀锋划开的疼痛，完全不知道正在舔食的其实是自己的鲜血。它们只是变得更加贪婪，舌头抽动得更快，血流得也更快更多，直至力竭而死。

这个办法正是利用了狼嗜血的本性。我们人类也会犯狼的错误。人的贪婪有时候是无止境的，渔夫和金鱼的故事就是一个例子。那条神奇的小金鱼为了报答渔夫的救命之恩，给了渔夫很多东西。原本一张新的渔网、一个新的木盆、一座新的房子就可以让渔夫过上很快乐的生活了，可是渔夫贪婪的老婆破坏了这一切，最后金鱼收回了它所有的允诺，渔夫和老婆又变得一无所有。

人在物质财富面前到底持何种态度，关系重大。如果人成为物质的奴隶，受物质需要驱使，那么社会里充满各种欺诈和压迫是不可避免的。在这个社会中，犯罪成了一种谋生的手段了。反过来，如果人成了物质的主人，物质不仅用来实现个人的生存和满足个人的欲望，而且也被用做人在生活中相互关心的一个中介，靠着人与人之间的同情和关爱而相互传递。在这两种情况中，虽然物质本身的性质没有改变，但是人的地位改变了，前者的人彻底丧失了自由，物质力量支配了他的行动和思想；后者的人是自由的，人格是独立和自尊的，他是物质世界的主人。前者是奴隶，后者是主人，二者是多么不同啊。

奴隶不仅没有自由，而且是被动的，不由道德、理性来支配其行动和思想，他的行动和思想完全是非理性的，也是荒谬的。还有一点，这些人还是不负责任的，因为他们的思想是被动的，所以他们没有社会责任感。如果他们喜欢鲜花，他们会立即从花园里把它们摘下来；而做花园主人的人则不同，他们喜欢鲜花是靠劳动来种植和养护它们。虽然摘鲜花的和种鲜花的人都拥有鲜花，但性质不同：摘鲜花的人拥有的是有限的鲜花，而种鲜花的人拥有的是永恒的鲜花；摘鲜花的人拥有鲜花的尸体，而种鲜花的人拥有鲜花的生命。

生活中一些人往往"重形轻神"，本末倒置，所以常常不快乐，怨天尤人。请看下面的故事：

几位年轻人一起去拜访他们的大学老师。当老师问起他们生活得怎么样时大家都牢骚满腹，纷纷诉说着生活中的不如意：工作压力大，物价上涨快……一时间，大家仿佛都成了生活的弃儿。

老师笑而不语，从房间里拿出许许多多的杯子，摆在茶几上。这些杯子各式各样，有陶瓷的，有玻璃的，有塑料的，有的杯子看起来高贵典雅，有的杯子看起来粗陋低廉……老师说："你们都是我的学生，我就不把你们当客人看待了。你们要是渴了，自己倒水喝吧。"

大家已经说得口干舌燥了，便纷纷拿了自己中意的杯子倒水喝。等大家手里都端了一杯水时，老师讲话了，他指着茶几上剩下的杯子说：

"大家有没有发现，你们挑选去的杯子都是好看而别致的杯子，而像这些塑料杯就没有人选中它。这并不奇怪，谁都希望手里拿着的是一只好看的杯子。"

老师说："但是这就是你们烦恼的根源。大家需要的是水，而不是杯子，但大家有意无意地会去选用好的杯子。这就如我们的生活。如果生活是水的话，那么，工作、金钱、地位这些东西就是杯子，它们只是我们用来盛起生活之水的工具。杯子好看与否，并不能影响水的质量，如果总将心思花在杯子上，你哪有心情去品尝水的苦甜，这就是本末倒置，自寻烦恼。"

老子说："祸莫大于不知足，咎莫大于欲得。"意思是最大的祸害是不知足，最大的过失是贪得无厌的欲望。孔子说："不义且富贵，于我如浮云。"他把不义之财看作浮云一样，分毫不取。弄清楚什么该拿，什么不该拿，只取自己当得之名，当得之利，这叫适可而止，是做人的一种大智慧。

因此，对待金钱我们应有这样的认识：钱财乃身外之物，生不带来死不带去；金钱是为人的生活服务的，人不可做钱财的奴隶；金钱只是交换的一种媒介物，只有在交往过程中才能体现它的价值，不要将金钱深藏于地下。